AF503612

DU JEUDI

OU

LES VISITES A LA FERME

LES

PROMENADES DU JEUDI

Profondément et sincèrement pieuse, madame Camille avait puisé, aux sources évangéliques mêmes, le dévouement et l'amour pour la jeunesse qui avaient dirigé sa vie vers le rude labeur de l'enseignement public.

Elle avait appris du divin Maître le prix d'un cœur d'enfant et puisé dans ses exemples cette mansuétude, cette bienveillance douce et patiente, qui assure à qui la possède, un si grand empire sur de jeunes esprits. Elle avait toute la confiance de ses élèves, et en échange elle leur donnait toute son âme. Les paroles du doux Sauveur, glorifiant l'innocence et la simplicité de l'enfance, la pénétraient de respect, en même temps que d'amour, pour cette chère jeunesse, dont le développement religieux et moral était surtout l'objet de sa sollicitude.

Son humble mission d'institutrice de campagne lui apparaissait revêtue d'une grandeur et d'une responsabilité redoutables ; ces petites filles qui balbutiaient auprès d'elle les premières notions des connaissances les plus élémentaires, elle les voyait, par la pensée et par le cœur, se transformer dans le court délai de quelques années en jeunes et actives ménagères, augmentant l'ordre et le bien-être dans la maison paternelle, ou y introduisant la vanité, la dissipation, la ruine, peut-être !.. Elle les voyait un peu plus tard, épouses et mères de famille elles-mêmes, assurer ou compromettre la prospérité et le bonheur de générations nouvelles.

Et il lui semblait qu'il ne pouvait jamais être trop tôt pour révéler à ces âmes, qui s'ignoraient encore, leur haute dignité de chrétiennes, et pour les préparer aux importants devoirs de la vie.

Tout en s'efforçant de leur faire joyeuses et faciles ces premières années de l'existence — les seules exemptes de préoccupations et de soucis surtout dans la laborieuse vie des femmes de la campagne — elle s'appliquait à leur rendre profitables et utiles jusqu'aux récréations mêmes.

Tout pour elle devenait matière à un conseil affectueux, à un enseignement pratique, à l'expansion d'un sentiment vrai et généreux.

Et ainsi se développait dans ces jeunes cœurs, sans effort, sans travail apparent, le bon grain de la semence divine ; ainsi grandissaient leurs aspirations vers le bien ; ainsi s'affermissaient leur inébranlable fidélité au devoir, leur affectueux dévouement à la famille ; ainsi enfin, et tout en se jouant, elles s'accoutumaient à observer, à réfléchir, à se rendre compte de toutes choses, et elles acquéraient une foule de notions utiles qui se classaient dans leur mémoire, pour se réveiller plus tard et s'adapter aux différents besoins de leur position.

Fille d'un fermier aisé des environs, madame Camille se plaisait à amener avec elle, tous les jeudis, à la ferme de son père celles de ses élèves qui, par leur application et leur bonne conduite, avaient mérité cette faveur.

Ces promenades du jeudi, où les enfants rivalisaient entre elles d'attention et de sagesse, devenaient l'occasion des leçons les plus attrayantes.

Madame Camille y mettait le moindre incident à profit pour faire admirer à ces chères enfants la magnificence et l'harmonie des œuvres de Dieu.

Parmi ces œuvres splendides qui les entouraient, elle plaçait en première ligne l'intelligence de l'homme qui sait tirer parti de tous les dons de la nature, créés en quelque sorte à son intention et mis à son service, à l'unique condition d'y consacrer ses soins et son labeur, selon la sentence divine : — « *Tu travailleras à la sueur de ton front...* »

Elle leur faisait aimer le travail en leur expliquant comment, imposé d'abord comme un châtiment et un devoir, il est devenu pour l'homme, par l'ineffable bonté de la Providence, un besoin et la source de mille satisfactions.

— Aux hommes, ajoutait-elle, appartiennent les pénibles travaux des champs ; car ces travaux exigent une grande force physique, et c'est aux hommes que cette force a été donnée.

Mais en résulte-t-il que la femme puisse se croire dispensée d'acquérir l'habitude et l'amour du travail?...

Certes non ; il ne manque point de besogne pour

elle au logis, et si cette besogne paraît moins rude elle n'en est pas moins importante ; peut-être même demande-t-elle plus d'assiduité, plus de persévérance et plus d'intelligence. Dans tous les cas, elle n'est pas moins indispensable à la prospérité des familles.

Efforcez-vous donc d'acquérir de bonne heure les qualités essentielles au bon accomplissement des devoirs qui vous attendent comme *ménagères*.

Accoutumez-vous à une constante activité, à une minutieuse exactitude, car, ne vous y trompez pas : *l'ordre dans le travail, c'est le succès ; la confusion, c'est une fatigue qui n'aboutit à rien.* Rien n'est donc plus important que de savoir régler ses occupations et exécuter chaque chose au moment marqué...

Accoutumez-vous aux soins et à la propreté, car la propreté *c'est la santé,* — *c'est la sûreté,* — *c'est la gaieté et la joie...*

Soyez prévenantes et attentives, oubliez-vous vous-mêmes, accoutumez-vous à dominer votre humeur, à vous en rendre maîtresses, car l'égalité d'humeur — chez les femmes surtout — c'est la condition fondamentale du bonheur domestique.

En effet, les meilleures qualités deviennent inutiles ou du moins elles passent inaperçues quand elles se joignent à des formes acerbes et impérieuses, à une parole âpre et grossière, à une humeur chagrine et querelleuse, à un esprit contradictoire et opiniâtre.

Ah ! chères enfants, voulez-vous être aimées et heureuses ? — Voulez-vous assurer le bonheur de tout ce qui vous entoure ?

Soyez douces et humbles de cœur !

Et cette douceur, dont elle ne se lassait point de faire apprécier à ses élèves les heureux fruits, la bonne institutrice la leur faisait surtout aimer par ses exemples.

Elle possédait à un admirable degré ce courage moral qui consiste à garder pour son propre compte les impressions pénibles, les inquiétudes et les soucis, et à maintenir autour de soi la paix et la gaieté en dépit de ses tristesses.

L'accent plein de bonté et de compassion avec lequel elle accueillait les malheureux et soulageait toute souffrance ne se bornait pas à ses semblables, elle l'étendait à tous les êtres animés, et à ceux surtout qui, créés pour servir aux besoins de l'homme et partager ses labeurs, ont évidemment un droit tout particulier à nos soins et à notre affection.

Un charmant ouvrage que nos lecteurs connaissent sans nul doute, et qui traite, avec autant de cœur que d'expérience et de talent, de l'utilité des animaux, des soins et de l'affection qu'ils réclament [1], avait toutes ses sympathies ; non contente de l'avoir mis entre les mains de ses élèves, elle se plaisait, avant et pendant les promenades, à leur en faire lire quelques passages, qu'elle développait selon les circonstances et en les appropriant plus particulièrement au sexe de son jeune auditoire, après toutefois avoir insisté sur les premières lignes, qu'avec elle nous croyons devoir répéter ici :

---

[1]. Monsieur Lesage ou entretiens d'un instituteur avec ses élèves sur les animaux utiles, par L, A. Bourguin.

« Sans la compassion pour les animaux il ne saurait y avoir ni éducation complète ni cœur vraiment chrétien.

» La douceur de caractère porte à la vertu, la brutalité ne conduit qu'au vice.

» En vous habituant à traiter les animaux avec bonté, avec justice, avec compassion, vous deviendrez aussi, bons, justes et compatissants pour vos semblables.

» Celui qui se plaît à tourmenter un pauvre animal sans défense est un méchant et un lâche.

» Dieu nous a créés à son image. Si nous ne pouvons approcher de lui ni par la grandeur ni par la puissance, nous pouvons du moins imiter sa bonté; c'est pourquoi le divin Maître nous a dit : — « Soyez » miséricordieux comme votre Père céleste est misé— » ricordieux. »

» La religion est la chaîne qui unit le ciel à la terre; la bonté en est le premier anneau.

» Dieu, source éternelle de tout bien, veut le bonheur de tous les êtres qu'il a créés. Nous devons vouloir à son exemple le bonheur de tous ceux qui nous entourent. Être bon pour les créatures, n'est-ce pas une des meilleures manières d'honorer le Créateur.

» Aimez donc et protégez tous les animaux qui rendent des services à l'homme ; soyez doux et bienveillants, même envers les êtres les plus infimes de la création, et vous accomplirez, dans toute son étendue, la loi d'amour et de justice... »

Il était encore un autre livre que madame Camille avait choisi pour guide, dans les conseils que non-seulement elle donnait aux enfants confiées à ses soins, mais qu'elle continuait encore, bien après leur instruction élémentaire achevée, aux jeunes filles du village, avides, à leurs heures de loisir, de chercher près d'elle de bons avis et d'utiles délassements [1].

Les passages suivants avaient surtout fixé son attention.

Nous les reproduisons ici parce que, avec la citation précédente, ils servent en quelque sorte de thème aux causeries qui vont faire l'objet de ce livre.

« La ménagère est chargée de l'entretien de la maison. —Enseignez-lui les avantages de l'ordre et de la propreté; parlez-lui des intérieurs flamands et hollandais, des dalles et des briques lavées chaque jour, de ces murs blanchis, où jamais l'araignée ne fila sa toile, des meubles qui reluisent et de la vaisselle qui ne laisse rien à reprendre.

» La ménagère est chargée de la cuisine.—Apprenez-lui à tirer le meilleur parti possible des produits de la ferme, à varier les mets, à faire mieux sans dépenser plus, à s'assujettir aux heures fixes.

» La ménagère achète les étoffes et le linge.—Apprenez-lui à distinguer le bon du mauvais; donnez-lui,

------

1. Conseils à la jeune fermière.

par exemple, quelques notions sur le dégraissage et le lavage.

» La ménagère prend à sa charge, ou tout au moins surveille l'entretien des vaches, des veaux, des porcs.— Apprenez-lui donc tout ce qui a rapport aux étables et aux soins à donner aux bêtes. Elle doit savoir distinguer les races laitières de celles qui ne le sont pas, les races d'engraissement de celles qui ont de la peine à engraisser. Elle doit connaître la valeur nutritive des aliments et le poids des rations.

» La ménagère s'occupe de la laiterie ; mais elle ne connaît bien ni le lait, ni la crème, ni le beurre, et, faute de les bien connaître, elle gâte et perd parfois une partie des produits. — Enseignez-lui donc la manière de tenir une laiterie comme il faut... Enseignez-lui l'art de fabriquer d'excellents fromages... Indiquez-lui les procédés usités dans chaque pays.

» La ménagère est chargée de soigner les volailles. — Apprenez-lui à faire un choix parmi les meilleures races et à les élever convenablement.

» La ménagère a, dans le ressort de ses attributions, le potager et le parterre : le potager pour les besoins de la cuisine, le parterre pour l'agrément de la ferme. — Apprenez-lui à faire un choix parmi les légumes, à les cultiver avec goût, selon les règles de l'art, à tirer bon parti des uns et des autres. Apprenez-lui aussi à cultiver, sous les fenêtres de l'habitation et sur les plates-bandes du potager, ces fleurs robustes, faciles et charmantes, qui réjouissent l'œil et font du bien à l'âme...

» La ménagère est chargée de faire en temps opportun ces provisions de toutes sortes, ces conserves appétissantes que nous sommes si heureux de trouver en hiver.— Enseignez-lui donc les procédés de conservation ; dites-lui que les légumes verts, par exemple, ne finissent pas avec leur saison.

» La ménagère, enfin, quand viennent les longues nuits, doit se créer des occupations pour la veillée. — Entretenez-la des divers travaux d'aiguille... »

PREMIÈRE VISITE A LA FERME

I. — LES SENTIERS FLEURIS.

Mars, cette année-là avait été plus sombre et plus triste encore que de coutume, et la pluie, comme si elle eût voulu mettre à l'épreuve la patience et la résignation des enfants de l'école, en les frustrant de leurs plus chers désirs, avait justement redoublé chaque jeudi, de telle sorte qu'avec la meilleure envie du monde, madame Camille n'avait pu les conduire à la ferme.

Pendant la première semaine d'avril cependant, le ciel s'éclaircit, la nature se réveilla joyeuse, et tous ces petits cœurs se mirent à battre d'impatience et de crainte.

— Le beau temps tiendra-t-il jusqu'à jeudi?

Telle était la question qui se pressait sur toutes les lèvres et qui occupait tous les esprits.

La veille de ce jeudi tant désiré vint enfin. Sur le soir, une abondante giboulée excita les plus vives alarmes; mais, à l'aube, — on est matinal au village, — toute inquiétude disparut.

De l'ouragan de la soirée précédente il ne restait que de gros diamants qui scintillaient sur chaque branche d'arbre, aux gais rayons du soleil, et de grandes mares qui brillaient dans les chemins. On donna un regard d'admiration aux premiers, et, sans se beaucoup inquiéter des secondes, on se disposa au plaisir de la promenade par un redoublement d'application à la classe du matin.

Vers une heure de l'après-midi, madame Camille, entourée d'une douzaine d'enfants, — les plus assidues et les plus sages, — prit le chemin de la ferme à travers des sentiers bordés de haies, au pied desquelles fleurissait la violette, pendant que les oiseaux gazouillaient et bâtissaient leurs nids dans leurs branches épineuses.

Toutes les saisons créées par Dieu, et enrichies de ses dons, ont leur attrait et leurs beautés ; mais aucune n'a autant de charmes que le printemps ; aucune, du moins , ne pénètre l'imagination de sensations plus fortes et plus douces.

La résurrection de la nature, qui sort à ce moment de l'engourdissement de l'hiver, fait naître dans l'âme un sentiment instinctif d'admiration et de reconnaissance, et, du cœur le moins pieux, s'élève un remercîment involontaire vers le souverain créateur.

On comprend quelle force ce sentiment devait avoir sur les jeunes cœurs des élèves de madame Camille, de ces enfants que tous les soins de la digne institutrice tendaient à rendre bonnes et pieuses.

On s'entretint donc d'abord des bienfaits de Dieu et des magnificences de la nature ; on admira toutes choses, depuis le brin de mousse mêlé au feuillage des premières violettes, jusqu'aux brillants rayons de soleil se jouant dans les cimes déjà verdoyantes des arbres.

Puis tout ce petit monde s'éparpillant çà et là à la

recherche d'une primevère ou d'une violette , à la suite d'une mésange ou d'un rouge-gorge , se prit à rire, à chanter, à se donner à cœur joie de la liberté, de l'exercice, du plaisir.

A un endroit où le joli sentier débouchait sur la grande route, une élégante voiture passa comme un tourbillon devant les enfants qui, semblables à des oiseaux effarouchés, vinrent aussitôt se grouper autour de leur bonne institutrice.

Pour si vite qu'eût passé le brillant équipage, l'œil curieux de nos fillettes avait eu le temps de voir, ou plutôt d'admirer un coquet chapeau rose et un gracieux visage de jeune fille penchée à la portière.

Tous les regards demeurèrent attachés sur la voiture aussi longtemps qu'elle fut visible, et quand elle eut disparu, il n'y eut qu'une seule voix pour proclamer la suprême félicité des heureux, — ou plutôt des heureuses — de ce monde, qui ont à leur service laquais, chevaux, voitures, et sur leurs têtes des chapeaux de satin rose.

Madame Camille écoutait en souriant tristement ce flux de paroles.

— Il faut être riche, très-riche pour avoir tout cela, s'écria une voix plus décidée que les autres, et il ne dépend pas de nous d'être riches. Mais ce qui dépendra de nous, quand nous serons grandes, ce sera d'aller à la ville...

— Eh ! quoi faire ? interrompit une voix mutine.

— Dame, pour gagner de l'argent, afin de devenir de belles demoiselles au lieu de rester de pauvres paysannes.

— Le ciel vous garde de pareilles ambitions, mes pauvres enfants. Ah ! si vous voulez être heureuses, ne rêvez point la vie des villes, ne désertez pas la ferme, ne vous laissez pas tromper par les apparences, n'allez pas où l'on étouffe, restez où l'on respire... Dieu vous a fait des fleurs de pleine terre, éclatantes et robustes, poussant dans leur saison à ciel découvert et à l'air libre ; il vous a destiné des joies pures, de douces espérances, des besoins modestes, ne les échangez pas contre des joies factices, des espérances désordonnées, des besoins insatiables ; vivez où le ciel vous a placées, doucement, modestement et heureusement.

— Mais travailler du matin au soir, ne jamais faire sa volonté, porter toujours de l'indienne ou de la grosse laine, y a-t-il là de quoi être bien heureuse, madame ? s'écria étourdiment une jeune fille de douze ans nommée Madeleine, nouvellement arrivée au village, et étrangère encore aux bonnes leçons de madame Camille.

MADAME CAMILLE. Prenez garde de regretter cette vie simple et laborieuse qui vous effraye maintenant.

MADELEINE. La regretter ! que pourrait-il nous arriver de pis ?

MADAME CAMILLE. Que sais-je ? L'isolement et l'abandon au lieu de l'appui et des douces joies de la famille ; la lassitude et la maladie au lieu de cette excellente santé qui vous rend alertes et vigoureuses ; la misère, — une misère honteuse et dégradante, — au lieu de cette honnête et laborieuse pauvreté qui est la gloire de celui qui la porte avec courage et probité.

Louise, petite étourdie du même âge à peu près que Madeleine, prit la parole à son tour.

— Je me soucie peu, s'écria-t-elle, de beaux chapeaux et de robes de soie, et même je n'en saurai que faire! Quant à quitter la maison, nenni! Mon père a besoin de moi pour remplacer ma mère dans le ménage, et je n'y manquerai point. Mais je voudrais avoir une demi-douzaine d'années de plus.

MADAME CAMILLE. Pour être enfin utile à votre père, je vous félicite de ce bon sentiment, mon enfant.

LOUISE. Oh ! ne me faites point meilleure que je ne suis. Je voudrais être grande... pour n'avoir plus à obéir constamment.

Toutes les petites têtes s'inclinèrent en signe d'adhésion à cette déclaration de Louise.

Madame Camille sourit à tous les regards fixés sur elle, et reprit :

— Ah ! vous croyez qu'on n'obéit plus quand on a passé l'enfance. Vous le verrez, mes enfants, vous le verrez !... Sans compter qu'une bagatelle ne suffira plus pour vous mettre en joyeuseté ; que vous aurez désappris à rire, à chanter et peut-être même à espérer.

QUELQUES VOIX. Qui pourrait nous en empêcher?

MADAME CAMILLE. Croyez-vous donc que vous traverserez la vie sans préoccupations et sans chagrins. Le jour viendra où vous serez ménagères, mères de famille même, et ce n'est pas petit tracas. Plus d'une fois, quand il vous faudra agir et commander, vous regretterez l'heureuse insouciance de l'âge où vous n'aviez qu'à obéir. Vous n'aurez plus le temps de cueillir des violettes, allez ! Jouissez donc du présent, chères petites, sachez en jouir sans ces arrière-pensées qui vous le gâtent, sans ces illusions de l'avenir qui vous préparent tant de mécomptes. Sachez surtout, sachez bien que la vie est chose sérieuse, que ses devoirs sont sacrés, et que tout le secret du bonheur est de se plaire en l'état où nous sommes nées, et de s'efforcer d'améliorer cet état sans chercher à en sortir.

Partout où existent les liens de famille, partout où il y a des devoirs bien compris et bien remplis, se trouve en effet le bonheur.

Que les jeunes filles de la ville ne jettent donc point un regard d'envie sur la liberté et les plaisirs de la campagne ; leur vie a aussi ses charmes et son utilité.

Quant à vous, filles des champs, bénissez Dieu, votre sort n'est pas le moins bon.

Madeleine. Nous avons donc tort, madame, quand nous regrettons de n'être point riches, élégantes, nourries de mets délicats.

Madame Camille. Certes oui, vous avez tort, grand tort, et je ne vous en donnerai qu'une seule preuve. Quand le doux Jésus est venu sur la terre, est-ce tout cela qu'il a choisi pour lui et pour sa divine mère?... Mais retournez à vos violettes que vous oubliez trop longtemps.

Louise. Ces chères violettes, elles sont si jolies.

Marie. Et elles sentent si bon.

Louise. Quant à moi, j'aime toutes les fleurs, et celle que je vois est toujours celle que je trouve la plus jolie.

Marie. Sans compter qu'elles rendent toutes sortes de services.

Madame Camille. Et, de plus, elles sont les amies fidèles des gens malheureux. Vous ne savez pas ça, vous qui ne vous êtes jamais éloignées du village ; mais il y a dans les villes des hommes, des femmes, de pauvres jeunes filles surtout, qui ne quittent guère une unique et étroite chambre, où ne pénètre nul autre compagnon que le travail, les privations, l'inquiétude ; à peine ces pauvres créatures aperçoivent-elles à travers les toits sombres et la fumée qui les enveloppent, un petit coin du ciel, non pas pur et joyeux comme celui que nous admirons en ce moment, mais triste et gris. Elles seraient donc seules dans leur mansarde, et elles pourraient se croire entièrement abandonnées, si la vue joyeuse des fleurs ne leur disait gaiement qu'elles ont une amie sur la terre : la nature du bon Dieu.

Marie. A la ville, les fleurs poussent donc sur les toits ?

Madame Camille. Non, mais on serait tenté de le croire ; il y en a à presque toutes les fenêtres, et comme plus on monte, plus pauvre est l'habitant du logis, plus fleurie aussi est la fenêtre, car c'est presque là le seul luxe que le pauvre se permette... J'ai connu des fillettes de votre âge qui se privaient de déjeuner pendant plusieurs jours pour acheter un rosier ou un pied de violettes.

Louise. Et c'est là la vie qu'on ambitionne tant au village. J'aime mieux, en ce cas, mon costume de paysanne, mon pain bis, mais en abondance, et mes fleurs, surtout mes chères fleurs, que je n'apprécie bien qu'à dater de ce moment.

— Et moi aussi ! et moi aussi ! s'écrièrent toutes les voix en chœur...

C'est ainsi que madame Camille prenait occasion de chaque incident de la route pour éclairer le cœur et guider la raison de ses élèves.

II. — LES OISEAUX.

En fouillant dans les haies, les enfants découvrirent un nid, et elles s'arrêtèrent en admiration devant les sept ou huit œufs qu'il contenait ; on eût dit des turquoises pointillées de perles. Le père et la mère s'étaient envolés en apercevant la bande joyeuse, et on les entendait, — perchés sur un arbre voisin, — pousser de petits cris plaintifs.

Avant que ses compagnes pussent s'y opposer, Madeleine s'empara du nid, et, toute triomphante, elle courut le porter à madame Camille, demeurée un peu en arrière.

Madame Camille repoussa le présent qui lui était offert avec sa douceur accoutumée, mais elle dit avec tristesse :

— Que vous avaient fait ces pauvres mésanges, pour que vous leur enleviez leur petite famille.

Madeleine. Il n'y avait pas encore de petits ; il n'y avait que des œufs.

Madame Camille. Mais ces œufs auraient donné naissance à des petits.

Madeleine. Je vais les reporter.

Madame Camille. C'est inutile. Les oiseaux n'y reviendront pas, un nid changé de place est un nid perdu, et c'est d'un méchant cœur de détruire ainsi les œuvres du bon Dieu.

Madeleine. Mais quand les œufs sont éclos, il est bien permis alors d'enlever les nids.

Madame Camille. Pourquoi faire ?

Madeleine. Pour avoir le plaisir d'élever les oiseaux et de les tenir ensuite en cage.

Madame Camille. Quel plaisir peut-il y avoir à faire souffrir de pauvres petites créatures aussi inoffensives et aussi utiles que les oiseaux.

Madeleine. Mais en les soignant bien, ils ne souffriraient pas.

Madame Camille. Quels soins peuvent remplacer dans l'enfance ceux d'une mère, et plus tard la joie de la liberté. Si on vous tenait en prison, lors même que cette prison serait toute dorée, vous y trouveriez-vous heureuse?... Et, d'ailleurs, comment les petits ravisseurs de nids soignent-ils les pauvres petits oiseaux qu'ils enlèvent à leur mère? — Et combien en réchappe-t-il pour être mis en cage plus tard?... Demandez à vos compagnes, mon enfant, de vous faire lire à ce sujet l'intéressant article que M. Bourguin a consacré aux oiseaux, dans un excellent livre qu'elles connaissent et qu'elles aiment toutes beaucoup, et je suis sûre qu'à l'avenir, comme elles, vous vous garderez de tourmenter, sous aucun prétexte, ces charmantes créatures.

Madeleine. Pardon, madame, vous avez dit, je crois, que les oiseaux étaient utiles ; j'avais toujours cru au contraire qu'ils étaient fort nuisibles aux cultures.

Madame Camille. Cette opinion a malheureusement prévalu trop longtemps dans les campagnes ; mais, grâce à Dieu, ce préjugé s'atténue chaque jour, ainsi que vous le verrez dans le livre que je vous ai indiqué tout à l'heure [1] ; car si certains oiseaux font quelques ravages dans les blés et sur les arbres fruitiers, en revanche ils débarrassent la terre d'insectes malfaisants, et en telle quantité, que les dégâts qu'ils peuvent commettre sont insignifiants, comparés à ceux qu'ils empêchent.

En voici une preuve assez curieuse : Le roi de Prusse, Frédéric le Grand, aimait beaucoup les fruits à noyau, et en particulier les cerises, pour lesquelles il avait une véritable passion ; aussi avait-il fait venir de tous les points de l'Europe les espèces les plus estimées, qu'on cultivait avec grand soin dans les jardins des résidences royales.

Or, il arriva que, pendant plusieurs années consécutives, les cerises furent fort rares, non-seulement dans les domaines de la couronne, mais dans toute la Prusse.

Le roi s'en émut et, après avoir réuni les savants de son royaume, il leur demanda de chercher la cause de cette disette de cerises et le moyen de la faire cesser.

Après avoir longuement discuté, les savants décidèrent à l'unanimité que les cerises faisaient défaut

1. Monsieur Lesage. — Entretiens d'un instituteur avec ses élèves.

parce que les oiseaux, de plus en plus gourmands et avides, ne leur permettaient plus de mûrir.

Le roi fit déclarer une guerre à outrance à tous les oisillons de ses États, et l'on put bientôt parcourir le royaume, d'une extrémité à l'autre, sans entendre le plus léger ramage, sans apercevoir le moindre moineau, le plus petit roitelet.

On trouvait bien que la campagne était singulièrement triste depuis qu'elle était ainsi dépeuplée de ses hôtes les plus charmants ; mais on se consolait par l'espoir de récoltes magnifiques, et le roi, en particulier, attendait avec impatience les chères cerises qui ne pouvaient manquer d'être abondantes et délicieuses.

Hélas ! les cerisiers se montrèrent plus avares que jamais de leurs produits. Jusque-là, leurs fruits seuls avaient fait défaut ; à dater de ce moment, ils ne donnèrent ni fruits ni feuillage.

Frédéric réunit derechef les savants. Ceux-ci déclarèrent que les chenilles étaient la cause du mal.

— Comment détruire les chenilles ? demanda le roi.

— Les oiseaux seuls le peuvent, avouèrent ces pauvres savants tout confus.

Et le roi, après les avoir rudement gourmandés, ordonna de repeupler ses États de ces mêmes oiseaux qu'il en avait fait proscrire. Mais, comme il est plus facile à l'homme de faire le mal que de réparer le mal qu'il a fait, il arriva qu'il se passa bien des années avant que les mangeurs d'insectes fussent en assez grand nombre en Prusse pour détruire les chenilles. Pendant tout ce temps, Frédéric fut obligé de faire venir, à grands frais et de fort loin, son fruit favori.

Louise. Les cerises revinrent-elles avec les oiseaux ?

Madame Camille. Oui. Seulement, on se résigna, comme nous le faisons nous-mêmes, à leur en laisser leur part, en prenant, bien entendu, toutes les précautions possibles pour diminuer cette part... Mais, ajouta madame Camille, je songe que j'ai justement, dans ma poche, une note très-intéressante sur l'incroyable quantité d'insectes et de reptiles que détruisent les différentes espèces d'oiseaux. Je suis sûre que vous ne vous en faites pas une idée.

Et elle communiqua aux enfants curieusement groupées autour d'elle les détails suivants :

« Instruits par l'expérience, aujourd'hui bon nombre de propriétaires cultivateurs, loin de détruire les oiseaux insectivores, cherchent à les attirer près d'eux. Parmi ces oiseaux, les mésanges se distingent par leur utilité et leur gracieuse vivacité. On les voit voltiger de branche en branche, d'arbre en arbre. Elles se placent à l'extrémité des rameaux les plus faibles, s'y suspendent, le dos vers la terre, et, comme si elles voulaient se balancer, semblent se faire un jeu du mouvement imprimé par leur poids ou par le vent.

» Les mésanges vivent en société. Dans leur incessante activité, elles quittent subitement leurs supports, se perchent sur les branches les plus élevées ou descendent aux extrémités de celles qui se rapprochent le plus du sol ; ou bien encore, poussant de petits cris répétés par leurs compagnes, elles se perchent sur la cime d'un arbre voisin et y prennent leurs ébats.

» Souvent on les voit se précipiter à terre, y saisir

un insecte, l'emporter sur quelque tige pour y faire leur repas et recommencer leur manége.

» Il est, dit la *Gazette de Cambrai*, un moyen facile et peu dispendieux de fixer autour des habitations ces hôtes ailés : il suffit de faire couper des tronçons d'arbres d'environ 33 centimètres de longueur, d'y faire pratiquer des trous assez larges et assez profonds pour y loger les mésanges et leurs nids, et de suspendre ces tronçons dans les arbres. Les mésanges y éliront bientôt domicile ; chacune d'elles, pour payer son loyer, se fera une utile ouvrière et détruira, chaque jour, une quantité d'insectes nuisibles. Vos semis seront protégés chaque année ; vous aurez les plus belles récoltes de légumes et de fruits, et vous aurez, de plus, rendu service à vos voisins, dont, grâce à vous, les jardins et les champs seront débarrassés des insectes qui font leur désolation.

» Ainsi, on a calculé que :

» Le héron (garde-bœuf) défend des mouches et des tiquets l'espèce bovine.

» La cigogne se nourrit de reptiles.

» La buse mange, en un an, plus de quatre mille rats, souris, mulots et taupes.

» Le hibou a les appétits de la buse, et, en outre, détruit les insectes nocturnes et crépusculaires.

» Le corbeau engloutit une quantité prodigieuse de vers blancs.

» Le pic nettoie d'insectes les endroits pourris des arbres.

» La caille, le râle et la perdrix mangent des vers de terre.

» Le coucou s'arrange des chenilles velues, que les autres oiseaux ne peuvent manger.

» Le merle purge les jardins de colimaçons et de limaces, et, comme la grive, avale par millions, dans le cours d'une année, les insectes nuisibles.

» Le menu de l'étourneau est à peu près le même que celui du merle et de la grive. Il fait aussi une forte consommation de sauterelles et de mordelles.

» Le vanneau est l'ennemi acharné du taret, destructeur des constructions navales.

» L'alouette s'attaque aux vers, aux grillons, aux sauterelles, aux œufs de fourmi, à la cécidomye et aux élatérides.

» Le moineau dévore les vers blancs, les hannetons, les pucerons, etc.; sa couvée a besoin de quatre cents insectes par jour.

» Le bouvreuil chasse les parasites du gros bétail.

» Il faut, chaque jour, à une couvée de troglodytes cent cinquante-six chenilles.

» L'ordinaire de la couvée du roitelet huppé est le même.

» Le rossignol est un grand destructeur de larves de cossus et de scolytes et d'œufs de fourmi.

» La fauvette chasse dans l'air les mouches, les petits scarabées et les pucerons.

» L'hirondelle se régale d'un nombre prodigieux d'insectes.

» C'est par centaines qu'il faut compter les chenilles que, chaque jour, la mésange sert à sa jeune famille.

» Dans une chambre, un rouge-queue peut prendre six cents mouches en une heure.

» Le traquet attrape au vol mouches et petits scarabées ; il mange aussi des vermisseaux.

» Le pinson s'attaque avec acharnement aux aphydes.

» Vingt bergeronnettes purgent de charançons un
grenier à blé. »

MADELEINE. Les oiseaux ont-ils encore quelque autre
utilité?

MADAME CAMILLE. Ils animent la nature et réjouissent
l'âme par leurs chants harmonieux ; ils nous offrent
une preuve touchante de la bonté et de la sollicitude
de la Providence divine. De plus, à l'exemple des bota-
nistes qui ont dressé une horloge de Flore [1], un chasseur naturaliste a dressé une horloge ornithologique [2],
en notant les heures de réveil et le chant de certains
oiseaux ; ainsi :

« Après le rossignol, qui chante presque toute la
nuit, c'est le pinson, le plus matinal des oiseaux, qui
donne le signal. Son chant devançant l'aurore, se fait
entendre de une heure et demie à deux heures du
matin.

» Après lui, de deux heures à deux heures et demie,
la fauvette à tête noire s'éveille et fait entendre son
chant, qui rivaliserait avec celui du rossignol, s'il n'é-
tait pas si court.

» De deux heures et demie à trois heures, la caille,
amie des débiteurs malheureux, semble par son cri :
Paie tes dettes ! paie tes dettes ! les avertir de ne pas se
laisser surprendre par le lever du soleil.

1. Horloge des fleurs, Flore était la déesse des fleurs.
2. L'ornithologie est la partie de l'histoire naturelle qui traite des
oiseaux.

» De trois heures à trois heures et demie, la fauvette à ventre rouge fait entendre ses trilles mélodieux.

» De trois heures et demie à quatre heures, le merle noir, le moqueur de nos contrées, qui apprend si bien tous les airs, que M. Dureau de la Malle avait fait chanter la *Marseillaise* à tous les merles d'un canton, en donnant la volée à un merle à qui il l'avait serinée et qui l'apprit aux autres.

» De quatre heures et demie à cinq, la mésange à tête noire fait grincer son chant agaçant.

» De cinq à cinq heures et demie s'éveille et se met à pépier le moineau franc, ce gamin de Paris ailé, gourmand, paresseux, tapageur, mais hardi, spirituel et amusant dans son effronterie.

» N'est-il pas charmant d'avoir ainsi une horloge qui chante les heures au travailleur matinal... »

III. — INTÉRIEUR DE LA FERME. ORDRE ET PROPRETÉ.

Comme madame Camille achevait ces derniers mots, on arrivait à la ferme où régnait la plus grande animation.

Sous la direction de l'active madame Duval, — la mère de madame Camille, — les servantes, le balai et la brosse à la main, lavaient à grande eau les planchers, les murailles, les dalles mêmes de la cour.

En voyant arriver les visiteuses, madame Duval vint

avec empressement à leur rencontre, après avoir toutefois fait signe aux servantes de continuer leur besogne.

Chaque enfant eut pour bienvenue une caresse et un mot obligeant, car, affectueuse et bonne, madame Duval possédait cette bonhomie gracieuse, ce tact parfait qui mettent chacun à l'aise et suppléent merveilleusement à la politesse raffinée des villes, — ou plutôt qui la font comprendre et pratiquer d'instinct.

A défaut de fruits nouveaux, la digne fermière distribua à ses jeunes visiteuses une ample provision de noix et de pommes ; elle y ajouta une écuelle de lait écumeux pour chacune et du pain à discrétion.

Les enfants ravis firent grand honneur à ce festin improvisé, et, accoutumées à la bienveillance de madame Camille, qui non-seulement permettait de lui adresser toutes les questions qui leur passait par la tête, mais qui se plaisait même à provoquer ces questions, elles ne se firent point faute d'observations et de *pourquoi*.

Ce qui attira surtout leur attention, ce qui les étonna pour la plupart, ce fut cette abondance d'eau répandue de tous côtés, ce jeu incessant de l'éponge et de la brosse, cette profusion de savon et d'eau de lessive ; accoutumées à la négligence qui, dans la plupart de nos provinces, règne dans les maisons de paysans et les rend si peu agréables, si peu salubres même, elles ne pouvaient comprendre l'utilité de donner tant de temps et tant de soins au nettoyage.

A cet étonnement, Madeleine se hasarda à mêler une critique.

MADELEINE. J'ai toujours entendu dire qu'on ne devait laver que les pavés ou les briques, et qu'il était malsain de mouiller les planchers de bois.

MADAME DUVAL. C'est malheureusement un prétexte à la malpropreté qui n'est que trop répandue dans nos campagnes. On veut éviter l'humidité, et on laisse des saletés de toutes sortes s'amonceler en croûtes épaisses sur le bois qui s'en imprègne, et répand ensuite dans l'air de la chambre les exhalaisons les plus malsaines.

Les gens de la campagne semblent avoir peur, pour leurs maisons, de l'air et de l'eau ; ils traitent en ennemi ces deux éléments principaux de la santé et du bien-être. Pénétrez-vous bien de cette vérité, mes enfants, que vous et votre famille vous ne vous porterez bien, que votre humeur ne sera sereine et joyeuse qu'à la condition expresse de vivre dans un local bien aéré et tenu dans un état de parfaite propreté. Plus tard, quand vous serez maîtresses de maison, mettez-y tous vos soins, et, en attendant, efforcez-vous de le faire comprendre à vos mères, et aidez-y autant qu'il est en vous.

« L'air pur, a dit un savant, est le pain de la respiration ; nous vivons d'air comme d'aliments. » Ne nous privons donc pas par notre faute de cet aliment que Dieu a mis à la disposition du plus pauvre. Purifions l'air de nos demeures par une extrême propreté et en ayant soin de le renouveler fréquemment. Quel froid qu'il fasse, les fenêtres des chambres que l'on habite doivent être ouvertes pendant quelques moments, afin de renouveler l'air. Cette précaution est essentielle, le matin surtout, dès le lever, après les repas, et chaque fois que des vapeurs humides remplissent la pièce.

Ainsi, après avoir lavé les planchers, ou après avoir savonné dans la chambre, si la chaleur extérieure n'est pas assez forte pour sécher promptement, allumez dans l'âtre un feu clair et flambant ; mais ayez soin d'ouvrir les fenêtres, afin que la vapeur, dégagée par l'action du soleil ou du feu, sorte au dehors.

La propreté doit être notre luxe à nous, femmes de la campagne, et nous n'en devons point connaître ni désirer d'autre. Une bonne ménagère doit donc veiller à ce que les dalles, les carreaux et les parquets soient balayés plusieurs fois par jour et lavés plusieurs fois par semaine ; à ce que le fer, la fonte, le cuivre et tous les meubles reluisent ; à ce que la vaisselle de faïence et de terre fasse miroir sur la crédence. Elle ne doit pas souffrir que l'araignée file sa toile à l'angle des murs, que l'huile des lampes égoutte et rancisse sur le manteau de la cheminée, que la graisse s'amasse aux coins de l'évier et la poussière sur les vitres.

Marie. Il n'y a qu'à venir chez vous, madame Duval, où l'on peut se mirer jusque dans les serrures, repartit gracieusement la petite Marie, justement occupée en ce moment à faire glisser dans son anneau de fer le massif mais brillant verrou de la porte de l'étable, — pour comprendre le prix de la propreté ; mais tout le monde n'a pas comme vous des servantes et des valets pour faire la besogne, et les pauvres gens n'ont guère le temps de voir à tout cela.

MADAME DUVAL. Là où il y a plus de monde, ma fille, il y a plus à faire, et sauf le cas où la ménagère, trop pauvre pour ne s'occuper que de sa maison, est forcée d'aller au dehors travailler à la journée, une femme qui veut tenir son chez elle en ordre, en trouve toujours le temps et le moyen.

LOUISE. C'est si long de nettoyer !

MADAME DUVAL. Oui, lorsqu'on laisse amasser la malpropreté, mais lorsqu'on entretient l'ordre, c'est chaque jour l'affaire de quelques moments; on en prend d'ailleurs l'habitude, on n'y pense point et on fait sa besogne sans effort, sans fatigue, comme naturellement.

Il y a, par exemple, des petits secrets de ménage qu'il faut connaître, et il n'est jamais trop tôt pour les apprendre.

— Ah ! dites-les-nous ! dites-les-nous ! s'écrièrent en chœur les enfants.

MADAME DUVAL. Tous ! ce serait impossible, du moins en une fois, mais en voici toujours quelques-uns. Vous en essayerez et vous verrez.

Pour le fer et le cuivre que vous voyez ici tout battant neuf comme s'il sortait de chez le marchand, vous les ferez reluire en les frottant avec une poignée d'oseille ou de mouron des oiseaux. En hiver, quand ces herbes manquent, servez-vous simplement de sable fin ou d'argile.

Vous ferez reluire l'argent, lors même qu'il serait noirci par des œufs, avec de l'oseille et de l'eau de savon.

Vous ferez briller les chenets, les poêles et tous les

objets de fonte en les frottant avec un oignon cru d'abord, puis en étendant de la mine de plomb avec une brosse, et en frottant de nouveau avec un vieux morceau de laine.

Enfin, vous donnerez une sorte de vernis à vos meubles, pour si vieux et si pauvres qu'ils soient, avec de la cire jaune fondue dans l'eau de lessive; on étend sur le meuble une couche légère de cet encaustique, et on frotte ensuite vigoureusement avec un chiffon de laine.

Tout cela n'est ni bien difficile ni bien rude pour nous qui sommes accoutumées à la grosse besogne....

Cependant madame Camille était entrée à la ferme, elle en ressortit au moment où sa mère achevait de parler, et remettant à une des enfants un livre qu'elle était allée chercher:

Madame Camille. Voici ce qui vient à l'appui des conseils de ma mère. Lisez tout haut, dit-elle.

Et la petite fille lut les lignes suivantes:

« — On dira peut-être : — A quoi bon perdre son temps à de pareilles minuties.

» Vous laisserez dire et vous n'en ferez qu'à votre tête, ou bien encore vous répondrez : C'est ainsi que les choses se pratiquent dans les Flandres, le Brabant et la Hollande, et ceci de mémoire de générations. Et au lieu de s'en trouver mal, les gens paraissent s'en trouver bien.

» La propreté, c'est la santé, ne l'oubliez pas; c'est aussi, ne l'oubliez pas davantage, l'aimant qui attache la famille à son intérieur. Quand chaque chose est à sa place et ne laisse rien à désirer, l'œil s'égaye, le cœur s'épanouit et on se sent heureux, alors même qu'il y aurait un fond de misère sous ce bien-être extérieur. Les heures passent toujours vite quand l'esprit et le cœur ont leurs aises, les jolis tableaux raccourcissent les longues distances, les intérieurs gracieux retiennent les gens au logis.

» La toilette de la ferme est une marque qui ne trompe point. Lorsqu'elle ne prouve pas l'aisance, elle prouve au moins l'intention d'y arriver. La malpropreté dans la ferme c'est un signe de désordre, de dégoût et de décadence.

» La propreté c'est aussi la sûreté. Vous ne laisserez pas la suie s'amasser dans la cheminée. Une étincelle pourrait y mettre le feu, crever les parois, courir aux charpentes, voler aux toits de chaume et tout détruire. J'en sais qui s'en moquent et allument la suie pour sauver les frais de ramonage. Ne les imitez point ; la suie paye toujours le ramonage et au delà ; c'est un engrais qui, en bien des cas, n'a pas son pareil... »

Madame Camille. Ce mot engrais reporte la pensée vers une des questions les plus importantes de l'agriculture, et dont il est bon que vous ayez quelques notions.

Madame Duval. Quelques connaissances pratiques sur ce sujet vous seront d'autant plus utiles que, dans nos campagnes et dans l'intérieur même des maisons, on laisse, par ignorance ou par insouciance, perdre une foule de choses qui salissent, encombrent, tandis qu'utilisées comme engrais, elles rendraient de précieux services... Mais il est tard, mes enfants, pour que nous en causions ce soir. Ce sera pour une prochaine visite.

Madame Camille. Pour le jour où vous leur ferez visiter en détail le jardin comme vous l'avez promis.

Madame Duval. C'est convenu.

On se sépara sur cette promesse, et madame Camille et les enfants reprirent le chemin du village en s'entretenant des incidents de la journée.

DEUXIÈME VISITE A LA FERME

I. — LA BONNE MÉNAGÈRE.

Les jeudis suivants furent pluvieux et ce ne fut que sur la fin d'avril que l'on put reprendre les promenades à la ferme.

Trois semaines avaient amené une merveilleuse transformation. Les arbres fruitiers étaient en fleurs, les prairies et les champs avaient revêtu leur plus riche parure d'émeraude; les haies fleuries embaumaient l'air; tout dans la belle nature respirait le bonheur et la vie.

Les enfants étaient comme la nature toutes rayonnantes de joie, toutes resplendissantes de santé et de force. Le bien-être qu'elles éprouvaient en aspirant à pleins poumons l'air sain et frais du printemps semblait développer toutes leurs facultés, et, parce qu'elles sentaient vivement la bonté du divin Créateur, leur intelligence s'ouvrait à des considérations bien supérieures, paraissait-il, à leur condition sociale et aux humbles limites des connaissances que comporte l'enseignement primaire.

Madame Camille admirait en elles la puissance du sentiment chrétien. Elle bénissait Dieu qui avait permis qu'elle fût l'instrument docile du bien accompli dans ces jeunes âmes, et en même temps elle se sentait confirmée dans la conviction que l'esprit humain n'a pas besoin pour s'améliorer et s'élever au-dessus du vulgaire de beaucoup savoir, mais qu'il lui suffit de bien savoir.

La piété et la charité dont elle était parvenue à établir l'empire dans ces cœurs enfantins étaient bien — elle en avait la preuve — les inspirations et les sources de la véritable politesse. — Ces mêmes enfants qu'elle avait trouvées à son arrivée au village, peu d'années auparavant, grossières, incultes, à demi sauvages, toujours prêtes à se quereller et à tourmenter tout ce qu'elles approchaient, elle les voyait maintenant polies, attentives, complaisantes entre elles ; douces et compatissantes aux animaux ; respectueuses et empressées pour les vieillards et les pauvres qu'elles rencontraient sur leur chemin ; intelligentes et gracieuses.

Par quels moyens cette transformation s'était-elle opérée? — Tout simplement en leur apprenant à se respecter elles-mêmes, en leur apprenant à connaître et à pratiquer le bien.

La bonne madame Camille n'eut pas le loisir de se livrer longtemps à ses réflexions ; la gaieté communicative des enfants ne tarda pas à la gagner, et elle se prit à partager leurs ébats et à tresser avec elles des couronnes de pâquerettes et de jacinthes sauvages.

On arriva à la ferme chargé de toute une moisson de fleurs.

Madame Duval attendait les enfants et leur avait

préparé une agréable surprise : un feu brillant flambait dans l'âtre, la crémaillère soutenait une immense poêle, dans laquelle bientôt vint tomber en sifflant la pâte dorée de succulentes crêpes.

Madame Duval tourna elle-même la première, et elle la fit sauter avec une dextérité qui fit éclater les bravos enthousiastes de la jeune assemblée.

Nos fillettes enviaient l'honneur de faire elles-mêmes une crêpe, mais aucune d'elles n'osait le demander. L'excellente madame Duval alla au-devant de ce désir.

— A chacune son tour, dit-elle en passant la queue de la poêle à Madeleine qui se trouvait près d'elle.

Madeleine fit sa crêpe tant bien que mal. Les autres enfants lui succédèrent, et le bon succès des unes, la maladresse des autres, firent éclater de bruyants applaudissements et des plaisanteries non moins joyeuses.

Mais, disons-le, les quolibets furent plus nombreux que les bravos, et madame Camille en prit occasion de faire remarquer aux enfants combien il importait qu'elles s'appliquassent aux soins du ménage, à ceux de la cuisine surtout qui leur étaient si étrangers.

MARIE. N'aurons-nous point le temps quand nous serons grandes. Ce n'est pas si difficile.

MADAME DUVAL. Tel en effet qu'il se pratique dans nos campagnes, l'art culinaire n'est point une science bien difficile et c'est un grand tort qui tient principalement à ce que les jeunes filles, ne s'en occupant guère, n'y entendent rien. Quand elles deviennent ménagères elles font, sans aide et sans conseil, un ennuyeux apprentissage qui les laisse dans la routine, sans qu'elles pensent même qu'il soit possible d'en sortir et de faire mieux.

Madame Camille. Il n'en est pas de même en Allemagne, la qualité de bonne femme de ménage y est estimée au-dessus de tout, et cela non-seulement à la campagne et chez les paysans, mais dans toutes les classes de la société. J'ai lu dernièrement, dans une très-curieuse relation de voyage, les détails les plus intéressants à ce sujet.

L'art culinaire, paraît-il, y fait partie de l'éducation de toutes les femmes. « Le bourgeois aisé, comme l'artisan, comme le campagnard, met son orgueil à ce que ses filles soient de bonnes femmes de ménage. Pour atteindre ce but, les familles emploient un moyen qui ne serait pas très-goûté par beaucoup de jeunes Françaises. Après que la jeune fille est sortie de l'école, ce qui a lieu à quatorze ans comme pour les garçons, et qu'elle a été confirmée, les parents la placent chez un pasteur de campagne ou dans une grande famille. Elle doit y rester un an ou deux à exercer presque le métier de servante, ce qui est considéré comme un apprentissage d'économie domestique. Elle ne reçoit pas de gages, souvent même les parents payent une certaine somme pour la durée de l'apprentissage, et l'entretiennent de linge et de vêtements. Ce premier noviciat de la vie ménagère étant terminé, la jeune fille est placée, toujours aux mêmes conditions, dans les cuisines d'un riche particulier, ou simplement dans celle d'un hôtel en renom. Elles ont la direction de la dépense et des aides de cuisine.

» Bien qu'elles « mettent la main à la pâte, » on ne les appelle jamais autrement que mademoiselle, et les maîtres les traitent avec déférence. Beaucoup de jeunes filles riches reçoivent à peu près cette même éducation, avec cette différence toutefois que leur apprentissage a lieu dans un château princier ou dans une résidence royale. Il y a aujourd'hui en Allemagne une reine qui a été élevée de cette manière, aussi la femme allemande est-elle, à fort peu d'exceptions près, un véritable modèle d'ordre et d'économie. La femme la plus riche comme la moins aisée connaît le prix des denrées. C'est plaisir à voir la jeune maîtresse arpentant lestement les étages de la maison, époussetant ici, essuyant là; ayant l'œil à tout, aux bambins qui se roulent dans le salon, aux servantes dans la cuisine; animant tout par sa vigilance et son activité. La femme allemande est vraiment l'âme de la maison. Otez-la, il ne reste plus qu'une cave enfumée, morne et silencieuse. »

Madeleine. Qu'on prenne tant de soins pour former les dames qui ont grande cuisine à faire, ça se comprend; mais chez nous, où tous les jours de la semaine, revient la soupe aux choux ou l'omelette, ma foi, il ne faut point tous ces embarras.

Madame Duval. Et c'est là justement qu'est le mal, ma pauvre enfant. N'est-ce donc point assez des privations que la pauvreté impose, sans y en ajouter de volontaires.

Madeleine. On nous dit cependant — et madame Camille nous l'a répété elle-même plusieurs fois, que notre bonheur est dans la simplicité d'habitude et notre richesse dans la frugalité de vie.

Madame Duval. Et c'est la vérité; mais sans nuire en rien à cette simplicité, ne peut-on soigner et améliorer ce que l'on fait, et sans renoncer à la frugalité, ne peut-on tirer meilleur profit des dons de Dieu, surtout si en variant sa nourriture on arrive à se mieux porter en dépensant moins.

Ces sages réflexions éveillèrent l'intérêt des enfants qui supplièrent madame Duval, de vouloir bien leur donner quelques leçons à ce sujet.

Madame Duval. Nous n'en avons plus le temps à présent, car je veux vous montrer mon verger tout fleuri et vous conduire cueillir du cresson; mais madame Camille est aussi habile que moi en cette matière, plus habile même, car je n'ai moi que la pratique, tandis qu'ayant étudié la question elle y joint la méthode. Je suis sûre qu'elle sera enchantée de vous faire profiter de son expérience.

Madame Camille s'y engagea de bon cœur et l'on alla visiter le verger et la cressonnière de la ferme.

— Encore un moyen de varier et d'améliorer la nourriture, fit observer madame Duval; le cresson fait une excellente salade, très-saine et apéritive, et dans le voisinage des villes sa culture devient d'un excellent produit. La cressonnière prend peu de place et ne coûte que le travail d'installation.

Que d'autres produits peuvent aussi s'obtenir presque sans frais, avec un peu d'intelligence et de bonne volonté !...

II. — LA CUISINE DE LA FERME.

On reprit de bonne heure le chemin du village, car on avait résolu de faire halte à moitié route, bien moins encore pour se reposer que pour entendre les détails que madame Camille avait promis sur la cuisine à la campagne.

Madame Camille, qui s'était munie à la ferme du livre que nous avons déjà cité [1], n'eut qu'à l'ouvrir aux pages suivantes :

« Sous prétexte que l'appétit est le meilleur des assaisonnements et qu'avec lui tout passe, il y a des ménagères qui ne se lassent point de ramener la même soupe et le même plat des mois et des années durant.

» On en vit ; mais encore on vivrait mieux sans dépenser plus ; en variant les mets vous varierez le service de la ferme.

» Vous avez sous la main de quoi faire une cuisine convenable. Le jardin vous donne légumes et plantes condimentaires ; le porc vous donne son lard et sa graisse, la vache son lait, et qui dit lait dit crème, beurre et fromage ; la poule ses œufs, l'arbre ses fruits. J'en sais qui se contenteraient à moins.

» .... Tant que l'été durera, tant que l'hiver ne sera pas trop avancé, vous n'aurez guère de peine à varier

1. *Conseils à la jeune fermière.*

les repas : il n'y a qu'à choisir et à prendre. Mais il arrive un moment rude à passer, un moment où les caves et les greniers sont vides chez la plupart de nos cultivateurs, ceci est à prévoir et à prévenir. — Vous y songerez.

» Dans le courant de l'été et de l'automne, vous ferez des conserves pour les jours difficiles.

» Sans compter les réserves de poireaux, panais, salsifis, scorsonères et persil qui resteront au jardin, vous aurez des poireaux, et aussi des panais, car il pourrait arriver que la terre ne permît pas de les prendre au potager en plein hiver.

» Bien que l'oseille pousse de bonne heure et pour ainsi dire sous la neige, faites provision de feuilles en juillet, elle vous rendra des services ; vous conserverez de même, en pots, des haricots verts, des haricots en grains tendres, du pourpier pour les soupes et les salades ; vous aurez des pois verts en bouteilles, des betteraves confites au vinaigre, etc., etc.

» Pour une campagne c'est presque du luxe, soit ; mais quand il s'agit d'un luxe qui ne coûte rien, ne nuit à personne et peut faire plaisir à ceux qui nous entourent, pourquoi nous le refuserions-nous à la campagne plutôt qu'à la ville.

» A l'automne, vous enterrerez à la cave la chicorée commune qui vous fournira en hiver cette salade fine et étiolée que nous nommons *barbe de capucin*. Tout à côté, vous enterrerez aussi des pieds de betterave et de céleri, et, mieux encore, des pieds de scorsonère qui, de bonne heure, produiront des pousses également propres à préparer d'excellentes salades.

» Vous aurez une forte provision de carottes placées dans la cave ou le cellier sur du sable fin ou de la terre légère et recouvertes de plaques de gazon ; vous aurez au grenier, sur de la paille bien sèche, une bonne provision d'oignons que vous ne remuerez jamais en temps de gelée, et aussi des choux rouges et blancs, que vous pendrez aux poutres, la tête en bas.

» Vous aurez en cave une tonne de choucroûte qui vous rendra de beaux et bons services, et ne demandera ni grands soins, ni grandes peines.

» Vous conserverez les meilleures courges de votre jardin en lieu sec et chaud, dans la cuisine ou dans le voisinage d'un four ; à la cave, ces courges pourriraient ; au grenier, elles gèleraient. En lieu sec, comme je viens de le dire, vous les garderez de longs mois, et vous vous estimerez heureux de les retrouver hors de saison.

» En attendant venir les pommes de terre nouvelles, vous soignerez mieux les anciennes que ne le font nos ménagères. Dès que les germes se gonfleront dans la cave, vous les changerez de place, vous les remuerez et les enlèverez même, au besoin, pour les mettre dans une chambre fraîche. De cette façon, vous les empêcherez de pousser, de fermenter, de devenir fades, sucrées et molles, et vous les garderez bonnes plus longtemps que de coutume.

» Vous aurez, enfin, vos petites provisions de graines sèches, comme pois, haricots et lentilles, et aussi vos petites provisions de plantes condimentaires, telles que ail, échalottes, thym sec, laurier, etc., etc.; toutes choses qui n'ont l'air de rien et qui pourtant ont le

mérite de relever la saveur et d'améliorer la qualité
de nos aliments.

» La ménagère qui ne surveille rien, ne songe à rien,
ne s'approvisionne de rien, s'expose à des soucis qui
ne finissent pas ; la ménagère prévoyante, qui a sous la
main des réserves pour tous les goûts, qui fait pour
ainsi dire son miel, comme l'abeille, son magasin,
comme la fourmi, n'est jamais en peine quand approche
l'heure des repas... »

III. — PREMIERS SECOURS EN CAS DE MALADIE
OU D'ACCIDENT.

Après ces mots, madame Camille ferma le livre.

— Ces détails sont bien quelque peu arides, dit-elle,
et je crains qu'ils vous aient ennuyés.

Les enfants se récrièrent.

— Comment pourraient-elles ne point s'intéresser
à des questions se rapportant au bien-être de la famille
et leur assurant pour l'avenir les moyens de rendre à
ceux qui leur étaient chers, le foyer domestique plus
agréable et plus animé ?

Madame Camille sourit avec complaisance à ce vif
élan du cœur, et elle ajouta :

— Mais si une prudente ménagère doit ainsi prévoir
tous les besoins de la famille en état de bonne santé,
à plus forte raison doit-elle s'inquiéter des premiers

secours à donner en cas de maladie, alors surtout que, habitant une maison isolée, il lui faut attendre de longues heures l'arrivée d'un médecin.

A cet effet, mes chères enfants, je vous ai déjà appris à connaître les simples dont l'emploi est le plus fréquent, mais cela ne suffit pas : une mère de famille prudente a encore chez elle une petite pharmacie, composée de médicaments dont elle connaît bien la nature et l'emploi. Elle doit savoir distinguer les symptômes caractéristiques de l'asphyxie, de l'empoisonnement, des congestions cérébrales, afin d'être à même de leur porter les premiers secours. Elle doit encore savoir panser une plaie et poser le premier appareil sur une blessure.

Pour cela, elle aura toujours, dans une boîte spéciale et toutes préparées, des compresses, des bandes en fine toile.

Puisque j'ai prononcé le mot empoisonnement, je crois devoir, mes chères enfants, vous prémunir contre la légèreté avec laquelle beaucoup de gens cueillent et mangent des champignons sans les bien connaître.

Dans la saison des champignons, il ne se passe guère de semaine sans que les journaux ne parlent de quelque terrible accident causé par l'imprudence de soi-disant connaisseurs.

Opposez-vous de tout votre pouvoir à l'emploi des espèces que vous ne connaissez pas d'une manière parfaitement sûre, et souvenez-vous d'ailleurs qu'il est un moyen bien simple d'éviter tout danger. Ce moyen consiste à faire bouillir les champignons dans l'eau avant de les employer, et à plonger dans l'eau, au moment de l'ébullition, soit une cuillère d'argent, soit simplement une pièce d'argent. Si le métal reste intact, le champignon est inoffensif; s'il noircit, il est vénéneux. L'expérience est facile et le résultat en est infaillible.

Encore une observation :

Défiez-vous de la couleur verte, elle contient souvent de l'arsenic et a causé de nombreux accidents.

Je me souviens d'avoir entendu raconter la mort affreuse d'une jeune fille qui succomba aux effets des émanations d'une toilette de bal en gaze verte.

Une autre jeune femme perdit à tout jamais la santé pour avoir couché pendant quelques semaines dans une chambre tendue de papier vert.

Enfin, il y a quelques années, un de nos plus savants et plus spirituels écrivains racontait le fait suivant :

IV. — EMPOISONNEMENTS PAR ACCIDENT.

« En 1858, un jeune lord hérita en Écosse, au milieu des montagnes, d'un château fort ancien et dans lequel se trouvait une *chambre verte* où personne n'osait passer la nuit. On racontait que deux ou trois audacieux qui avaient tenté d'y dormir n'en étaient sortis que morts ou dans un état à faire pitié; il avait fallu aux plus heureux plusieurs semaines pour se rétablir.

» Le jour même où il prit possession de son château,

lord Mac M... ordonna qu'on lui préparât la *chambre verte*, et annonça l'intention de l'habiter pendant toute la durée de son séjour. En agissant ainsi, le nouvel héritier voulait montrer aux domestiques et aux tenanciers qu'il n'était point dupe de quelque grossier manége, inventé sans doute pour tenir éloigné de son domaine un maître dont on ne voulait point subir la surveillance.

» Il s'endormit paisiblement d'abord dans la chambre verte, assez petite d'ailleurs, et où, comme l'indiquait son nom, tout était vert : tentures, rideaux, plafond, boiseries et tapis. Après quelques heures de sommeil, il éprouva des coliques violentes, des douleurs d'estomac intolérables, des vertiges et des hallucinations qui ne se dissipèrent qu'au bout de plusieurs jours et lorsqu'on l'eût transporté dans une autre chambre.

» Il attribua cette grave indisposition, soit à l'humidité naturelle d'une chambre inhabitée depuis plus d'un demi-siècle, soit au voisinage d'un petit étang situé à peu de distance des fenêtres, et dont les eaux stagnantes pouvaient, par leurs miasmes pestilentiels, avoir produit les symptômes dont il avait tant souffert. L'étang fut desséché, la chambre assainie au moyen d'un grand feu de charbon de terre qu'on y entretenait jour et nuit; et, deux mois après, le jeune lord, piqué au jeu, coucha de nouveau dans la chambre verte.

» Il n'y dormait pas depuis une heure, qu'on l'entendit pousser des gémissements : personne n'osa entrer et lui porter des soins, car il s'était enfermé au verrou et avait défendu qu'aucun de ses gens pénétrât auprès de lui. Cependant, comme le lendemain matin, il ne sortait point de cette fatale chambre verte, on enfonça les portes, et on trouva lord Mac M..., mourant sur son lit.

» Par un heureux hasard, le docteur S. Taylor, professeur de médecine légale à l'hôpital de Guy, se trouvait en Écosse et dans le voisinage du château. On courut en toute hâte le chercher, et il trouva le jeune lord assez malade pour inspirer de sérieuses inquiétudes.

» Ce ne fut qu'en changeant de résidence et en revenant habiter une autre de ses propriétés, près d'Édimbourg, que lord Mac M... parvint à se rétablir. Encore ne se guérit-il que d'une façon incomplète, et souffrit-il plusieurs mois d'une ophthalmie douloureuse et tenace.

» Le propriétaire du manoir écossais raconta au docteur Taylor qu'après s'être endormi paisiblement il avait vu tout à coup, soit en rêve, soit dans cet état étrange de torpeur qui n'est ni la veille ni le sommeil, se dresser devant lui un monstre vert qui le regarda d'un œil sinistre. Puis le fantôme se jeta brusquement sur le lit, enfonça ses ongles aigus jusqu'au fond de la poitrine du jeune homme et y fouilla longtemps en lui causant d'intolérables douleurs. Enfin il ne disparut qu'après avoir passé sur les yeux de sa victime la fourche de fer rougie à blanc qu'il tenait dans une de ses mains.

» — Mylord, dit M. Taylor, si vous le désirez, avant un mois, j'aurai exorcisé le démon qui, deux fois, vous a si cruellement fait sentir son pouvoir.

» — Docteur, je vais écrire à mon intendant d'exécuter à la lettre tous les ordres que vous lui donnerez.

» — Ces ordres seront bien simples, reprit le docteur; vous avez été empoisonné par de l'arséniate de cuivre.

» — Qui donc a osé attenter à ma vie? Dites-moi le nom de l'assassin, que je le livre à la justice.

» — Le criminel ne relève point des cours d'assises. C'est tout bonnement le papier peint de votre chambre qui a été préparé avec du *vert de Schèle*. Avant de vous ramener à Édimbourg, j'ai secoué les livres qui, depuis bien des années, se trouvaient dans la chambre maudite, et j'ai recueilli la poussière qui les recouvrait; enfin, j'ai arraché une partie du papier collé sur les murailles, et j'ai soumis poussière et papier au procédé de Reinsch. Le papier seul m'a donné 450 grains (22 grammes) d'une matière qui contenait assez d'arsenic pour que 5 grains couvrissent une lame de cuivre de 10 pouces carrés ; traitée ensuite par la chaleur, cette matière a formé des cristaux d'arsenic.

» En venant habiter la *chambre verte*, vous avez mis en mouvement la poussière empoisonnée qui, depuis si longtemps, recouvrait les meubles, les livres, les tentures, les parquets et les rideaux du lit. Elle a pénétré par le nez, par les yeux, par la gorge, jusque dans les voies pulmonaires, et elle a mis votre existence en danger. Quant au démon, la suffocation de votre poitrine et votre cerveau en fièvre l'ont enfanté. Faites arracher et brûler tout ce qui est vert dans la chambre ensorcelée, et vous habiterez ensuite cette chambre aussi impunément que le beau salon blanc et or dans lequel nous devisons à l'heure qu'il est.

» La chambre verte devint en effet une chambre jaune, et, dès lors, on put y passer la nuit sans avoir à subir ni cauchemar, ni empoisonnement. »

Le même auteur ajoute à ce récit les faits suivants :

« En plein Paris, dans nos propres appartements, de pareils accidents peuvent survenir et surviennent souvent. Il n'est point nécessaire que ces appartements soient tendus de papier vert ; l'essence de térébenthine, d'un usage si fréquent, suffit pour produire des rêves, des douleurs de tête, des vomissements, des symptômes dangereux, voire la mort.

» Il y a quelque temps, une jeune ouvrière assez ignorante ou assez imprudente pour coucher dans une mansarde qu'elle avait peinte elle-même le soir, et qu'elle n'avait pas débarrassée du pot contenant la couleur, fut trouvée morte sur son lit.

» M. le docteur Marchal de Calvi a publié un travail remarquable sur l'empoisonnement produit par l'essence de térébenthine.

» Une charmante femme, mademoiselle Hinry, faillit périr victime de son imprudence à habiter trop vite un appartement nouvellement peint. La nuit elle s'éveilla suffoquée, put à peine trouver la force de saisir le cordon de la sonnette, et, malgré les soins qu'on lui prodigua, resta plongée, cinq ou six jours, dans une prostration absolue et des plus alarmantes.

» Un des principaux employés du palais des Tuileries a éprouvé dernièrement des accidents de même nature.

» Madame A..., qui habite la rue Neuve-Coquenard, a été frappée plus cruellement encore : par suite de l'inhalation des vapeurs de l'essence de térébenthine, elle a perdu la raison, et il lui a fallu, pour sa guérison, huit longs mois de séjour dans une maison d'aliénés.

» Le docteur Maffei, médecin par quartier des Tuileries, un jour qu'il remplissait son service et qu'il donnait sa consultation dans le château impérial, se sentit tout à coup frappé d'une stupeur étrange. Ses idées s'obscurcissaient et s'éteignaient, pour ainsi dire. Il cherchait les mots les plus usuels sans pouvoir les trouver.

» Il porta la main sur son pouls : ce pouls battait lentement et faiblement ; une sorte de paralysie gagnait tous ses membres, et ce fut avec des efforts de volonté surhumains qu'il parvint à se soulever de son fauteuil et à se traîner jusqu'auprès d'une fenêtre qu'il fit signe d'ouvrir.

» L'air extérieur lui rendit un peu de force dont il profita pour se débarrasser de sa cravate et de son habit. Dès ce moment, il se sentit peu à peu renaître à la vie et à l'intelligence. Cependant, il fallut près de deux heures pour qu'il ne restât plus de traces d'un mal mystérieux et jusque-là sans analogue pour lui. Quand il voulut reprendre son habit, une forte odeur de térébenthine qui s'en exhalait lui donna le mot d'une énigme qui avait presque failli lui devenir fatale.

» Le valet de chambre de M. Maffei avait nettoyé le collet d'habit de son maître avec de l'essence, et, par malheur, il ne l'avait point épargnée. »

Madeleine. L'emploi du cuivre comme ustensile de cuisine n'est-il point dangereux ?

Madame Camille. Non-seulement celui du cuivre, mais encore de presque tous les métaux. Le plomb employé comme tuyaux et robinets peut amener les accidents les plus graves ; aussi ne doit-on jamais, par exemple, se servir pour la boisson et les usages culinaires de la première eau que l'on tire le matin à une fontaine dont les conduits et robinets sont en plomb, surtout lorsque cette fontaine n'a pas servi depuis plusieurs jours.

Marie. Que faut-il faire alors ?

Madame Camille. Tout simplement laisser couler la quantité d'eau que l'on évalue avoir séjourné dans les récipients de plomb.

Les ustensiles de cuivre, quelle que soit leur propreté apparente ne doivent pas être employés, après quelques jours de repos surtout, sans être rincés et vigoureusement essuyés. Pour peu qu'ils soient ternes, et que l'étain intérieur soit taché, il faut récurer à nouveau, car, en dehors des empoisonnements proprement dits, qui sont, grâce à Dieu, assez rares, une foule d'indispositions, de santés détruites même, n'ont point d'autre origine que l'incurie des ménagères en ce point.

Encore une précaution importante : — Ne laissez jamais refroidir un mets quelconque dans le cuivre, et s'il vous arrivait un oubli à cet égard, n'hésitez pas à sacrifier le mets, quelle que soit sa valeur.

Que les cuillères de métal ne restent jamais dans les plats où sont des aliments devant resservir : le fer leur communiquerait une saveur désagréable, l'étain ne serait point sans danger, car ces couverts sont plus souvent en plomb qu'en étain véritable, et l'argent lui-même est sujet au vert-de-gris, quand il se trouve en contact avec certains acides.

LOUISE. J'ai cependant entendu assurer que l'argent ne prenait pas le vert-de-gris.

MADAME CAMILLE. Je puis vous affirmer que c'est une erreur. J'ai connu dans mon enfance un vieillard qui, trente ans auparavant, n'avait que par la force d'un tempérament de fer, échappé à la mort par empoisonnement pour avoir mangé de je ne sais plus quel mets qu'on avait laissé refroidir dans un plat d'argent. Son estomac avait tellement souffert que depuis lors il ne digérait plus rien. Ce n'est que grâce aux soins minutieux que lui permettaient sa position sociale et sa fortune que ce pauvre monsieur parvenait à se soutenir.

MARIE. On dit aussi que le vernis de couleur verte de certaines terrailles est malsain.

MADAME CAMILLE. On ne se trompe point : les journaux ont signalé même plusieurs cas de mort.

LOUISE. Il faut alors les proscrire de son ménage.

MADAME CAMILLE. Ce serait le plus simple et le plus prudent ; cependant comme dans beaucoup de pays le vert est la couleur qui domine dans la fabrication de la poterie, il est des circonstances où cette exclusion deviendrait difficile et même impossible.

MADELEINE. Que faire alors ?

MADAME CAMILLE. S'assujettir à vérifier avant d'employer ces vases si la nature de l'émail ne contient point de plomb. Si cette vérification, par les apprêts chimiques qu'elle réclame vous est impossible, il se trouve bien toujours dans le village quelqu'un d'assez habile pour vous rendre ce service, et la chose vaut bien la peine de la demander.

« On laisse tomber, sur un point quelconque de la surface du poêlon, une ou deux gouttes d'acide nitrique qu'on a soin de faire sécher en chauffant doucement le vase par l'extérieur.

» Si l'émail n'est point attaqué une première fois, on réitère l'opération.

» On humecte ensuite à plusieurs reprises la partie ainsi décapée avec l'acide sulfhydrique fraîchement préparé.

» S'il n'y a point de coloration brunâtre, on ajoute un peu de sulfure de sodium ou de potassium, qu'on laisse pendant quelques minutes en contact avec l'émail, puis on lave. S'il se produit une coloration noire à l'endroit ainsi traité, c'est que l'émail contient du plomb. »

Cette longue causerie, commencée pendant la halte sous les aubépines en fleur et continuée en marchant avait conduit nos petites promeneuses jusque devant la maison d'école. Elles remercièrent avec effusion leur bonne institutrice, et après lui avoir promis de ne point oublier ses sages recommandations, elles se séparèrent avec un empressement joyeux.

Elles avaient hâte de reporter à la famille, assemblée pour le repas du soir, les récits intéressants qu'elles venaient d'entendre.

C'est ainsi que la tâche du maître devient doublement importante et féconde; en formant les générations à venir, il améliore les générations actuelles, grâce à cet apostolat que l'enfant, la petite fille surtout, exerce à son insu au foyer domestique, en y faisant pénétrer le reflet et l'écho de toutes les impressions que reçoivent son esprit et son cœur.

TROISIÈME VISITE A LA FERME

I. — SAGES CONSEILS.

En dépit du charme de la saison, les visites à la
ferme furent interrompues pendant quelque temps ;
les leçons pratiques dont ces visites étaient l'occasion
durent faire place à des enseignements plus graves et
plus importants encore.

La Fête-Dieu était le jour choisi pour la première
communion des enfants de la paroisse, et les semaines
qui précédaient ce grand jour ne semblaient point de
trop au vénérable pasteur et à madame Camille pour
achever de préparer ces cœurs d'enfants, droits et
bons, mais étourdis et légers. — D'autant que ni
M. le curé, ni l'institutrice ne voulaient permettre que
l'instruction religieuse se fît aux dépens de l'enseignement ordinaire, il leur semblait avec juste raison
que c'eût été mal apprécier ce grand acte de la vie
chrétienne, que d'y préluder par la suspension et
l'oubli de ses devoirs d'état.

C'était donc sur les récréations et les jours de loisir,
et au détriment de son repos, que madame Camille pré-
levait le temps à consacrer aux diverses instructions
préparatoires à la première communion ; si bien que,

sauf les trois jours de retraite, rien ne fut changé aux occupations ordinaires des jeunes communiantes.

A ce moment si important de la vie chrétienne, où les impulsions religieuses sont plus durables parce que sous l'empire d'un redoublement de ferveur, elles sont plus profondes, la sage institutrice s'efforçait d'inculquer à ses enfants une piété sincère, droite, pratique.

« La piété n'a rien de faible, ni de triste, ni de gêné leur répétait-elle sans cesse, avec Fénelon ; — elle élargit le cœur, elle est simple et aimable.... Le royaume de Dieu ne consiste point dans une scrupuleuse observation de petites formalités : il consiste pour chacun dans les vertus propres à son état. »

Et elle ajoutait avec un écrivain populaire de notre temps :

« Dans toutes les positions sociales, les premiers devoirs dérivent de la religion. C'est le lien qui unit l'homme à Dieu et l'élève au-dessus des animaux, de toute la distance qui sépare le ciel de la terre.

» Les devoirs les plus importants d'une bonne ménagère sont donc ses devoirs religieux. La religion, une religion sincère, prédispose admirablement à toutes les inspirations généreuses, à tous les nobles élans du cœur, aux actions héroïques, aux dévouements sublimes, comme aux abnégations obscures de l'épouse et de la mère. Placez la religion, cette religion qui part du cœur, au frontispice de votre ferme. Cela vous portera bonheur.

» La religion, dans une ferme, est la plus sûre gardienne de l'innocence et de la vertu, de la sobriété et d'une utile activité ; elle est la barrière la plus puissante contre le vice, comme le chemin le plus sûr qui conduit au véritable bonheur et même au bien-être matériel.

» La religion place sous les yeux de Dieu le personnel de l'exploitation ; les chefs, leur famille, les domestiques, les journaliers et les ouvriers, sont pénétrés de la présence constante, inévitable d'un Dieu bon mais juste. C'est au nom de Dieu que la religion commande aux maîtres la vigilance, le zèle et le bon exemple ; aux serviteurs, l'obéissance, la fidélité et le travail ; à tous la tempérance, la justice et la charité. C'est ainsi, nous le répétons, que la religion devient si ce n'est le gage de l'aisance, du moins celui d'un bonheur solide et durable.

» Pour obtenir ces précieux résultats, deux choses sont essentielles : l'exemple et la vigilance. L'exemple soutient, exhorte et encourage tout à la fois. Que l'on voie la maîtresse du logis observer les lois religieuses et on les observera aussi.

» La vigilance prévient les fautes et remédie au mal avant qu'il ait pris racine. Que la fermière fasse de sa vigilance comme un rempart autour de sa maison ; qu'elle veille sur toutes les personnes occupées à la ferme et sur celles qui viennent du dehors.

» Qu'elle bannisse de sa maison les livres, les images et les chansons contraires à la religion et aux bonnes mœurs, ce sont autant de causes de corruption ; tandis que les bons livres, comme les images et les chansons morales élèvent l'esprit et fortifient le cœur dans ses résolutions pour le bien.... »

Que votre piété vous apprenne à aimer votre position et vous inspire les moyens de vous servir de votre influence dans la famille pour la faire aimer à ceux qui vous entourent.

Dites-bien à tous — et efforcez-vous de le leur faire comprendre : « la carrière agricole, bien entendue, garantit mieux que toute autre profession les trois choses qui, seules assurent notre bonheur ici-bas : la religion, la santé, une modeste aisance.

» L'homme des villes perd souvent à de dangereux contacts les croyances de son enfance et de sa jeunesse ; le cultivateur succède aux espérances de ses pères comme il succède à leurs rudes travaux. Le repos du septième jour protège sa foi, sa probité, ses mœurs, sa santé. Une noble indépendance élève son caractère. Le spectacle des cieux et de ses moissons réjouit son cœur ; le besoin développe son intelligence ; le travail et le grand air fortifient son corps. Une mort paisible adoucie par la Foi et l'Espérance couronne dans un âge avancé sa laborieuse existence. »

II. — LE FOURNIL.

Le jeudi qui suivit la première communion madame Camille conduisit les enfants dans leur blanche et fraîche parure de communiantes, à la ferme, où elles reçurent un accueil plus affectueux encore que de coutume.

La bonne madame Duval ne put retenir quelques larmes en les embrassant ; elle pensait qu'elles ve-

naient non-seulement d'accomplir un grand acte religieux, mais encore, et à proprement parler, de sortir
de l'enfance pour entrer dans la vie de femmes actives
et travailleuses.

La première communion en effet est, pour les classes
laborieuses, le terme assigné d'avance à l'éducation,
et après lequel les bancs de l'école s'échangent contre
les labeurs de l'apprentissage pour quelques-uns, du
service chez autrui pour d'autres, et, pour les plus
favorisés, contre les occupations et les travaux de la
ferme paternelle.

Ce jour là une petite collation avait été préparée par
les soins de l'excellente femme, et on n'aurait eu ni le
le temps ni la pensée de causer économie domestique
ou travaux agricoles, si les enfants, invitées à venir
voir retirer du four les galettes et les brioches faites à
leur intention, n'eussent eu leur attention attirée sur
la maie dans laquelle une vigoureuse paysanne pé-
trissait à tour de bras une pâte fine et serrée, pendant que madame Duval surveillait elle-même la cuisson des gâteaux, et qu'une autre servante préparait
le four à pain.

Il n'était aucune de ces enfants qui n'eût vu un
pétrin chez elle, car au village chacun fait son pain.
Mais la plupart du temps quel pain!...

Aussi s'étonnaient-elles et du soin pris dans le fournil même, de la blancheur du linge, de la propreté des
corbeilles, de la netteté du sol. La servante, qui pétris-
sait, les manches relevées au-dessus du coude, avait
un tablier de toile blanche comme la neige, dont la
large bavette couvrait toute sa poitrine. Les brides

de son bonnet relevées avec une épingle au-dessus de sa tête, dégageaient son visage tout ruisselant de sueur; la maie elle-même, en chêne bien poli, n'offrait pas aux regards la moindre tache, la moindre écla- boussure.

Sur une petite table, placée à côté, la planche, le rouleau et tous les ustensiles à pâtisserie qu'on n'avait pas encore eu le temps de serrer, faisaient admirer aussi leur irréprochable propreté.

Les enfants, disons-nous, s'étonnaient, et, à la vue de leur surprise, madame Camille n'eut pas de peine à comprendre qu'aucune d'entre elles n'avait eu jusque-là l'idée des soins et des détails que comporte la fabri- cation du pain, pour qu'il soit un aliment tout à la fois agréable au goût et salubre à la santé. Dans sa sol- licitude elle pensa que quelques notions à ce sujet ne pouvaient que leur être utiles.

Profitant donc du temps que demandait encore la cuisson des gâteaux et de l'attention donnée par les enfants au travail du pétrissage, elle leur dit :

— La panification, qui est une des plus impor- tantes industries agricoles, se rattache, comme la fabrication du vin, du cidre, de la bière, au principe de fermentation dont il est essentiel que vous ayez une juste idée.

MARIE. La fermentation, n'est-ce point ce qu'on appelle le levain.

MADAME CAMILLE. Le levain a pour but de déter- miner la fermentation... Mais, écoutez-moi bien et vous comprendrez aisément le but de ce remarquable phénomène, qui consiste dans la propriété possédée par certains corps d'exciter, en se décomposant, la décomposition d'autres corps avec lesquels ils se trouvent mêlés.

» La fermentation n'est autre chose que l'ensemble des changements que produit cette double décomposition.

» Mais la fermentation n'est pas toujours la même quant à ses causes et à ses résultats. Ainsi l'air seul peut faire fermenter le moût de raisin, et il en résulte de l'eau-de-vie (alcool); le moût de bière, au contraire, et la pâte de froment ne fermentent, c'est-à-dire ne deviennent bière ou pain, que si on y ajoute un peu de levure. C'est le levain dont Marie parlait tout à l'heure et que vous connaissez toutes.

» Il y a donc plusieurs espèces de fermentation, mais seulement pour condition de leur réalisation il faut la réunion simultanée de l'air, de l'eau et de la chaleur; que l'une de ces trois conditions fasse défaut, et le phénomène est entravé, parfois même totalement manqué. »

Pour faire le pain, la farine de froment, celles de seigle et d'orge sont employées seules ou mélangées entre elles et même avec d'autres farines, telles que sarrasin, maïs, etc.

On pétrit la farine dont on veut se servir avec de l'eau; on y ajoute un peu de levain qu'on se procure ainsi :

On a soin, après chaque pétrissage, de mettre un peu de pâte de côté. Celle-ci, délayée selon le besoin dans de l'eau tiède et mise dans un petit tas de farine, fermente en moins de douze heures et devient du levain.

Madeleine. Je me suis demandée souvent, en voyant pétrir ma mère, comment elle ferait si elle oubliait de garder de la pâte, ou si celle qu'elle a gardée venait à se perdre?

Marie. Elle ferait comme on a fait chez nous l'autre jour: elle irait en emprunter à un voisin.

Madeleine. Mais si les voisins n'en avaient pas?

Madame Camille, Pour peu qu'elle fût habile ménagère, elle ne se trouverait pas embarrassée.

Madeleine. Y a-t-il donc moyen de s'en passer?

Madame Camille. Non, mais elle y suppléerait de la manière suivante : elle ferait avec une poignée de farine une pâte épaisse qu'elle laisserait pendant six à sept jours dans un endroit chaud, — dans une étable, par exemple ; — au bout de ce temps elle la délayerait dans neuf litres d'eau où elle aurait fait infuser à chaud trois litres d'orge germée réduite en poudre. Ce mélange fermente et donne une espèce de bière qui fournit au moins un litre de levure.

Maintenant au pétrissage : on commence par délayer du levain dans la quantité d'eau nécessaire à toute la pâte; puis on y ajoute la farine. On pétrit ensuite vigoureusement afin d'introduire l'eau dans cette masse pâteuse. C'est pour cela qu'on la soulève et qu'on la bat en tous sens,

La pâte fraîchement pétrie fermente seulement quand le levain est bon et la chaleur du local convenable. Le pétrissage y contribue particulièrement.

On ajoute au levain et à la farine le sel nécessaire et dont la quantité varie suivant les habitudes des divers pays. Ainsi, à Paris, on compte 500 grammes de sel par sac de 159 kilos, tandis qu'en Angleterre on en emploie 2 kilos par sac de 125 kilos.

Quand la pâte est bien pétrie on la laisse reposer un peu, puis on la divise en *pâtons* ou masses de pâte de la quantité voulue pour faire les pains. On mettra ensuite les pâtons dans les corbeilles que vous voyez toutes préparées à côté de la maie, où elle achèvera de *fermenter à point*.

Je dis fermenter à point, car il est essentiel que la pâte ne soit ni trop, ni trop peu levée. Dans le premier comme dans le second cas, la panification serait manquée.

L'expérience seule peut apprendre à saisir le point exact de fermentation ainsi que le degré de chaleur nécessaire à la cuisson du pain.

L'économie veut que le feu soit commencé au fond du four. De cette façon le four se chauffe partout en même temps, et sans perte de chaleur. Avant d'enfourner le pain, on ferme le four pendant cinq à dix minutes, afin que la chaleur puisse se répartir également.

Vous le voyez, mes enfants, il y a dans la panification trois opérations bien distinctes et également indispensables au bon résultat : le pétrissage, la fermentation et la cuisson.

On connaît que le pain est bien fait quand les *trous* y sont également répartis et presque égaux. De petits trous alternant avec de grands accusent un pétrissage mal fait ; enfin, quand il y a beaucoup de parties où les trous font entièrement défaut, le pain est tout à fait manqué.

En retirant les pains du four, gardez-vous de les empiler par terre, ce qui est peu appétissant, mais placez-les proprement sur une planche ou dans des paniers qui ne servent qu'à cet usage.

..... Cependant les gâteaux avaient quitté le four, et madame Duval, toute glorieuse de leur belle croûte dorée, les avait déjà fait monter sur la table où leur tenaient compagnie les premières cerises de la saison, et de grandes jattes de fraises arrosées de crème écumeuse.

On quitta le fournil pour aller faire honneur à toutes ces excellentes choses, et il ne fut plus question ce jour-là de fermentation et de pétrissage, si ce n'est pour vanter les délicieuses galettes et les succulentes brioches de la collation.

QUATRIÈME VISITE A LA FERME

I. — Activité et exactitude.

Quelques semaines plus tard il avait plu à torrents toute la nuit et toute la matinée, mais vers midi le soleil dissipa les nuages et se montra radieux au ciel.

Les enfants de l'école avaient été si appliquées et elles désiraient si ardemment leur chère promenade du jeudi que madame Camille, malgré les chemins inondés, n'eut pas le courage de les priver de ce plaisir.

On se mit en route, et comme l'enfance se plaît à tout ce qui sort des habitudes de la vie, il arriva que les difficultés mêmes des sentiers boueux devinrent un nouveau motif de joie bruyante.

Avec sa bonté accoutumée, madame Camille riait elle-même des accidents du chemin et se mouillait les pieds le plus gaiement du monde.

On ne les attendait point à la ferme, et le premier mouvement de madame Duval fut même de gronder sa fille de son imprudence. Les routes devaient être si mauvaises !

Mais un regard jeté sur les enfants, dont les visages animés et souriants exprimaient la santé et le plaisir, calma l'excellente femme. Elle n'eut plus le courage de gronder. Et, en effet, que voulait-elle, que désirait-elle avant toutes choses : le bonheur de ceux qui l'approchaient. Or, puisqu'on était content et heureux, tout était bien.

Cependant en costume de ménagère, le tablier blanc devant elle, les manches retroussées, madame Duval reprit bientôt les occupations que l'arrivée des visiteuses avait interrompues.

Une des enfants ne put réprimer un geste qui signifiait clairement : — Si j'étais assez riche pour avoir des servantes je me garderai de me fatiguer en mettant moi-même la main à la besogne.

Madame Duval devina sa pensée et elle dit avec ce franc sourire qui, à première vue, lui gagnait tous les cœurs : — Parce que d'ordinaire, vous attendant le jeudi, je m'arrange pour me réserver l'après-midi et être tout à vous, vous vous figuriez donc que je fais la belle dame et ne m'occupe point de ma ferme ? — Nenni vraiment ! je sais payer de ma personne. Malheur à la ménagère qui en agirait autrement. Sa coopération dans les travaux de la maison est moins importante au point de vue du travail qu'elle fait qu'à celui de l'exemple qu'elle donne.

Mais ce qui est important surtout, c'est une bonne organisation intérieure. Que chacun connaisse ses occupations; que chaque chose ait sa place marquée, que le travail commence et finisse à heures réglées; que les repas qui le suspendent quelques moments dans la journée aient aussi et surtout leurs heures fixes.

Il est en effet essentiel que les repas ne se fassent jamais attendre ; l'homme qui revient des champs en rapporte beaucoup d'appétit et peu de patience ; c'est d'ailleurs, profit pour tout le monde, car en évitant la perte de temps, la fermière a besoin de moins d'ouvriers pour faire son travail ; ce qui revient à dire qu'elle a moins de personnes à payer, à nourrir, à loger, à blanchir et à soigner.

Elle y trouve encore l'avantage d'échapper, en maintes circonstances, à une foule d'inconvénients et de contrariétés et d'éviter des retards très-préjudiciables.

« En agriculture surtout, il faut se pénétrer de la grande justesse de cette maxime : *Ne remets pas au lendemain ce qui peut être fait le jour même;* on pourrait ajouter : *Ne remets pas au soir ce qui peut être fait le matin.*

MADELEINE. Je croyais ce proverbe applicable surtout aux hommes ; les femmes ne s'occupent guère je crois que de leur ménage et des animaux.

MADAME DUVAL. Il en est du moins ainsi généralement dans nos contrées ; mais en beaucoup de pays, et en certaines parties de la France notamment, la fermière est presque aussi occupée des travaux extérieurs des champs que l'homme lui-même.

Mais cette manière utile de faire chaque chose en son temps et de ne point laisser échapper le moment favorable s'applique aux occupations de l'intérieur aussi bien qu'à celles du dehors. Que de choses pour lesquelles il faut guetter et saisir l'instant favorable !..

Madame Camille. De plus, les attributions de la ménagère si elles ne s'étendent point aux travaux de la culture proprement dite, n'embrassent pas moins certaines occupations très-assujétissantes quant à l'exactitude : ainsi le soin des animaux, la culture du jardin, la cueillette des légumes et des fruits.

Madame Duval. Sans compter, lorsque le temps presse, qu'il faut tout quitter au logis pour aller, coûte que coûte, râteler aux prés et sarcler aux champs, car ainsi que le dit fort judicieusement l'auteur des conseils a la jeune fermière : « Quand le navire menace de sombrer, tout le monde court à la manœuvre, équipage et passagers ; quand aussi la récolte est en danger, il faut que tout le monde de la ferme soit debout. Alors, nécessité fait loi. »

Ainsi donc, fillettes, ne soyez pas boudeuses à la besogne. L'amour du travail et la vaillantise des bras, sont aux champs la véritable et grande richesse.

Mais il faut de la tête, et aussi de l'ordre et de la conduite; et en parlant ainsi madame Duval faisait sonner le trousseau de clefs pendues à son côté par une brillante chaîne d'argent. — Voici qui sera un jour votre sceptre et vous fera reine chez vous.

Madeleine. Faut-il donc tout fermer à clefs?

Madame Duval. Tout, ma fille, excepté les provisions courantes qui ont elles-mêmes passé par les mains de la maîtresse, avant de prendre place dans le buffet et le garde-manger de la cuisine.

Marie. Cependant, si on a des domestiques bien fidèles, dont on soit bien sûr?

Madame Duval Ce n'est point seulement par prudence que la fermière doit seule avoir toutes les clefs et ne les confier à personne sans une véritable nécessité, c'est surtout par mesure d'ordre. Chacun a sa manière de gouverner, de ranger, et là où il y a deux maîtresses se met la confusion.

A ce moment on vint demander à madame Duval quelques objets qui se trouvaient dans la cave.

II. — LA CAVE ET LE FRUITIER.

Madame Duval prit occasion de cette demande pour entretenir les enfants de l'usage et de l'importance des caves, et pour leur proposer de visiter celles de la ferme.

« Les caves, leur dit-elle, outre qu'elles offrent le moyen d'assainir le rez-de-chaussée, sont d'une grande utilité dans un ménage rural. Elles servent à mettre à l'abri du froid, pendant l'hiver, les fruits et les racines ; l'été on y trouve le moyen de conserver le laitage et la viande.

» La conservation du vin et son amélioration demandent une bonne cave. Plusieurs fromages n'acquièrent les qualités qui leur donnent leur réputation et les font rechercher que par leur séjour plus ou moins prolongé dans des caves taillées à cet effet dans le roc. Certaines provisions enfin ne se conservent bien que dans des caves un peu froides.

» Pour être bonne, une cave doit avoir une température presque invariable; l'air doit s'y renouveler aisément; l'excès d'humidité doit y être évité; une grande propreté y est de rigueur.

» Si le sol des caves était humide, il faudrait l'assainir au moyen de fossés d'écoulement.

» La température la plus favorable pour une cave ordinaire est celle de 8 à 10 degrés de chaleur.

» Cette température doit être égale en été et en hiver. Pour cela, il est nécessaire que la cave soit creusée à une certaine profondeur dans la terre.

» Plusieurs denrées conservées dans les caves veulent être logées séparément. Les fruits ne se conservent pas de la même manière que les racines et les légumes; le vin exige des soins particuliers et des dispositions spéciales; le lait en réclame d'autres. De là l'utilité d'un certain nombre de caves séparées.

» Dans les contrées vignobles, la cave à vin semble devoir se trouver sous le pressoir. Elle y reçoit des dispositions particulières. Ailleurs, des gîtes pour les tonneaux et du sable pour les bouteilles sont les seules dispositions nécessaires. »

Ces explications données, madame Duval descendit à la cave, suivie des enfants.

L'escalier qui y conduisait était très-doux et très-proprement tenu. Un long couloir de la longueur de la maison la divisait en deux parties égales, subdivisées elles-mêmes en plusieurs caveaux ayant chacun leur porte et leur clef spéciales. Ces clefs étaient numérotées; le numéro de chacune d'entre elles était répété sur la porte correspondante. Aucune toilo d'araignée sur les murs, aucun amas de poussière dans les petits coins ; tout était irréprochablement propre comme aux étages supérieurs.

Au bas de l'escalier, madame Duval avait pris sur une large tablette une des lanternes qui y étaient déposées, et après l'avoir allumée, elle en avait soigneusement fermé la vitre. Les enfants remarquèrent qu'elle prenait la précaution d'éteindre soigneusement, avant de la jeter, l'allumette dont elle s'était servie, et cette remarque donna lieu à quelques observations excellentes sur les précautions à prendre avec le feu et l'utilité des assurances.

« Les pertes, en cas d'incendie, peuvent être prévenues par plusieurs dispositions. La plus importante, comme la plus généralement applicable, consiste à isoler les différents corps de bâtiments les uns des autres. Cette disposition permet de préserver du feu les bâtiments qu'il n'a pas directement atteints.

» Mais aucune précaution ne doit empêcher la fermière de faire assurer contre l'incendie, bâtiments, bestiaux, meubles et récoltes. L'assurance à une compagnie sérieuse est une mesure de haute prévoyance. Elle doit s'étendre à tout ce qui est susceptible d'être assuré contre un sinistre quelconque. Que les champs et les prés soient assurés contre les inondations, les vignes contre la gelée, les moissons contre la grêle, les bestiaux contre la mortalité. »

— Mais, ajouta la bonne madame Duval, revenons à nos moutons, c'est-à-dire à l'agencement d'une cave.

Et, ouvrant une des portes, elle introduisit les enfants dans celle qui lui servait de fruitier.

Le fruitier occupait le milieu de la cave, et se composait de planchers superposés en forme de tablettes. Le premier plancher était posé à dix centimètres du sol, et les suivants étaient distancés de cinquante à soixante centimètres.

Un couloir régnait tout autour le long du mur, et la largeur des étages était calculée de manière que, de chaque côté latéral, la main pût atteindre le milieu de la tablette.

Chaque tablette avait un rebord haut de quatre à cinq centimètres. Les enfants demandèrent à quoi servait cette précaution.

Madame Duval. A empêcher les fruits de glisser et de tomber. Aujourd'hui, mes enfants, vous voyez tout ceci vide; mais vienne la fin de l'automne, les poires, les pommes, les raisins en couvriront toutes les parties, mais les fruits de choix seuls y trouveront place. Les fruits ordinaires, en fait de pommes surtout, seront conservés simplement en tas, au grenier sur de la paille.

L'essentiel, dans l'arrangement des fruits à conserver est : 1° un bon arrangement; 2° une fréquente surveillance. Les fruits doivent être placés le plus près possible les uns des autres, mais sans qu'ils aient le moindre contact entre eux. Voilà pour l'arrangement.

Quant à la surveillance, elle a pour but de ne point laisser trop mûrir ceux qui, tels que les poires et certaines espèces de pommes tendres, perdent de leur qualité quand ils ne sont pas mangés à point, et surtout d'enlever, à la première marque de pourriture, ceux qui viendraient à se gâter. Et ceci, d'abord afin d'en tirer parti avant qu'ils soient immangeables, et ce qui est plus important encore, afin de ne pas compromettre toute sa provision; car vous le savez, mes enfants, il suffit d'un fruit gâté pour corrompre tous les autres.

Madame Camille. Comme il suffit d'une compagne vicieuse pour perdre toute une société de jeunes filles. Vous aussi, mes chères filles, soyez donc vigilantes, et retranchez du milieu de vous tous les fruits tachés, c'est-à-dire tous les cœurs méchants, toutes les âmes corrompues.

Madame Duval. Vous ne saurez que plus tard, mes enfants, quelle reconnaissance vous devez au bon Dieu qui vous a donné une si excellente maîtresse; car plus tard seulement vous comprendrez le service précieux qu'elle vous rend, en formant votre esprit à trouver une application morale aux moindres détails de la vie matérielle.

Mais nous ne sommes point encore sorties de la cave. C'est là encore qu'une ménagère soigneuse conserve les racines nécessaires à l'alimentation de la ferme pendant l'hiver, voire même les semences du printemps.

Louise. Les racines demandent-elles les mêmes soins et les mêmes dispositions?

Madame Duval. Non; beaucoup de personnes même se bornent à les mettre en tas sur le sol de la cave qu'elles ont simplement fait sabler.

Quant à moi, je prends quelques précautions de

plus, et je m'en trouve bien : mes légumes, et notamment mes pommes de terre, se conservent plus longtemps et sont infiniment meilleurs.

Le céleri, les poireaux et autres du même genre se conservent rangés dans l'ordre suivant : un lit de légumes, un lit de sable.

Les navets et les carottes s'empilent à la manière des bois de cercle, de manière à ce que l'air circule à travers et ne s'y tiédisse point. Il est bon de les éloigner du mur et de les rapprocher autant que possible du courant d'air.

Les espèces de choux qui ne restent point en terre pendant l'hiver se trouvent bien dans le sable, la tête en bas.

Les courges n'aiment point la cave où elles ont trop d'humidité, et encore moins le grenier, où elles gèleraient. On les place dans une chambre chaude, sur une étagère de la cuisine, et on les conserve aisément tout l'hiver, et souvent même fort avant dans l'été.

Enfin, voici un des meilleurs moyens de faciliter la conservation des pommes de terre.

« On établit un plancher de bois dur à dix ou quinze centimètres du sol. Une cloison à claire-voie retient les pommes de terre à trente centimètres du mur tout autour de la cave. Des cheminées, également à claire-voie, s'élèvent de distance en distance du plancher jusqu'à la voûte. Ces dispositions préservent les tubercules de l'humidité du sol et des murs, favorisent le dégagement des vapeurs produites par la fermentation, et facilitent la circulation de l'air, ce qui retarde la germination. »

ö

III. — LE GARDE-MANGER.

Mais, dit en remontant madame Duval, toutes les provisions du ménage ne trouvent point leur place à la cave. Nous avons encore ce qu'à la ville on appelle l'office.

Aux champs, nous disons tout simplement le *garde-manger*. Dans une ferme considérable, le garde-manger consiste en une chambre plus ou moins grande, parfaitement sèche et bien close, par rapport aux souris et aux rats, mais en même temps facile à aérer et exposée autant que possible en plein nord.

Dans un ménage ordinaire une armoire peut en tenir lieu. Cette armoire doit avoir une garniture en fil de fer ou en toile claire, afin que l'air s'y renouvelle sans que les mouches et la grosse poussière y puissent pénétrer.

Si le garde-manger est plus considérable, il aura, suspendue au plafond et isolée des murs, une cage également grillée où se trouveront des crochets pour suspendre les viandes fraîches à l'abri des mouches.

Des étagères tout autour recevront les pots de beurre, de graisse, de conserves; les provisions de riz, de fécules, de pâtes, etc....

Puisque nous sommes au garde-manger, laissez-moi, mes enfants, vous donner quelques conseils sur le choix des diverses viandes alimentaires. Car n'est-il pas singulier et impardonnable qu'à la campagne justement où on la produit, les ménagères semblent en ignorer les qualités et l'emploi.

On se préoccupe beaucoup en ce moment d'introduire la chair de cheval dans la consommation.

Cette chair est facile à distinguer de la viande de bœuf par la forme particulière de ses grosses fibres et par sa couleur rouge un peu bleuâtre.

La Société protectrice des animaux a pris l'initiative de cette innovation dans nos habitudes alimentaires, et avec elle, tous les esprits éclairés y voient un double avantage :

1o Une amélioration dans la nourriture populaire en procurant à peu de frais aux petites bourses un aliment salubre, nourrissant, et en généralisant ainsi l'usage des viandes fraîches;

2o Un moyen d'éviter aux chevaux, ces nobles et utiles serviteurs de l'homme, les souffrances de toutes sortes qui les attendent dans leur vieillesse, alors qu'incapables de continuer leurs services, ils sont mal nourris, surmenés et brutalisés par-dessus le marché.

L'Allemagne nous a devancés dans cette voie et elle s'en trouve bien. A Vienne, à Berlin, des sociétés se sont formées à cet effet, et se sont ouvertes des boucheries spéciales, où les chalands ne manquent point.

Beaucoup d'autres villes ont suivi cet exemple, et on écrivait ces jours passés de Trèves :

« Depuis longtemps il y a à Trèves des boucheries spéciales de viande de cheval, qui se vend 25, 30 et 35 centimes le demi-kilogramme, selon les morceaux. Des chevaux fins et gras sont nourris en prévision de cette nouvelle branche de commerce. Les bouchers ont des courtiers qui parcourent les foires et font une concurrence sérieuse aux équarrisseurs. Encore quelques années, et Trèves n'aura plus rien à envier à Berlin, où le commerce de la boucherie hippique est florissant. Il n'y a que la foi qui sauve, dit un vieux dicton applicable aux anciens soldats, si heureux de trouver de la viande dans leurs pérégrinations militaires; mais ici la viande est vendue pour ce qu'elle est réellement, et l'on ne la dédaigne pas, témoin votre correspondant, qui en a fait l'épreuve et est tout prêt à recommencer. »

Voyons maintenant à quels signes une bonne ménagère apprécie les qualités des diverses viandes de boucherie.

La viande de bœuf, se compose de fibres larges, d'un rose foncé, et marbrées; les os en sont arrondis, épais et d'un blanc jaunâtre.

» Un rouge pâle caractérise la viande de vache, dont le tissu est fin et lâche, et dont les os sont minces et plats.

» Dans la viande de taureau, on ne trouve point le marbré de la viande de bœuf. Le tissu cellulaire en est plus grossier, d'un rouge brun et dur au toucher; sa graisse jaune exhale une odeur forte particulière, et qu'on ne saurait méconnaître dès qu'on l'a constatée une fois; enfin, les os volumineux dépassent en solidité les os du bœuf et de la vache.

» Pour réunir les qualités qu'on lui demande, la viande de mouton doit être cramoisie et entourée d'une graisse blanche et peu abondante.

» Quant à la viande de veau, évitez de l'introduire dans votre ménage, si elle vous paraît sans consistance, d'un blanc verdâtre, d'une graisse grisâtre, si elle devient collante et savonneuse sous les doigts et y adhère, et surtout si les os en sont spongieux, flexibles, et s'ils contiennent, au lieu de moelle, une sorte d'huile. Il faut, pour qu'elle fournisse un aliment sain, que sa chair soit d'un rose tendre , résistante au toucher et entremêlée d'une graisse éblouissante de blancheur. »

Il peut arriver dans une ferme qu'on ait compté sur plus de monde qu'on n'en a eu et qu'on ne puisse consommer immédiatement les viandes achetées. Il peut arriver encore que par suite d'un accident on soit forcé d'abattre un animal dont on ne veut point saler la chair :

Madeleine. Que faire alors?

Madame Duval. Chercher dans sa mémoire ou dans ses notes, — et pourquoi vous apprend-on à écrire, si ce n'est pour faire profiter votre savoir au bien de la maison, — quelqu'une de ces bonnes recettes au moyen desquelles une femme intelligente se tire toujours d'embarras.

Par exemple, pour la conservation des viandes, voici deux moyens qui se présentent, à mon souvenir, et ce ne sont point les seuls.

« Le premier procédé consiste à remplir un vase d'eau privée d'air par l'ébullition ; on jette dans cette eau en ébullition de la limaille de fer, et on y introduit la viande à conserver ; puis on verse dessus une couche d'huile de un à deux centimètres d'épaisseur. La viande se conserve ainsi pendant plusieurs mois sans altération.

» Le second procédé consiste à employer à cet effet du vinaigre et du sel. Le bœuf, le mouton, la venaison peuvent se conserver plusieurs semaines par la simple immersion dans du vinaigre concentré. On dépose dans un lieu frais le vase qui contient ces viandes, qu'on doit préalablement laver exactement, découper en morceaux et envelopper d'une légère couche de sel. Quant aux viandes cuites, il suffit de les frotter de sel, de les entourer de quelques feuilles de laurier, et de les tremper simplement dans du vinaigre pour les conserver plusieurs mois dans un lieu frais. Toutefois il est bon de les laver avant de s'en servir. »

Laure. Mon Dieu, que de choses dans un ménage dont on ne se douterait pas !

Madame Camille. Nos grand-mères, mes enfants n'avaient point toutes ces ressources. Nous les devons aux progrès de la chimie, et surtout à son application pratique. Cette science, en effet, restée jusqu'à ces derniers temps l'apanage exclusif des savants et de certains arts industriels, a été depuis environ un demi siècle, non-seulement enrichie d'admirables découvertes, de précieuses observations, mais étendue aux détails les plus usuels, soit en agriculture, soit en économie domestique, et — honneur à eux — les hommes les plus éminents de notre époque n'ont point cru au-dessous de leur savoir de consacrer de longues années et d'immenses travaux à vous procurer, à vous, humbles habitants des champs, les moyens d'améliorer le bien-être et la salubrité de votre intérieur, le rendement de vos terres, le développement de votre intelligence.

De cette vulgarisation de la science ainsi mise à leur portée et à leur service, découle pour les générations nouvelles l'obligation de s'instruire. La société a beaucoup fait pour vous, vous lui devez de vous mettre en état de vous élever au niveau de ses bienfaits et d'en profiter.

Seulement, mes enfants, prenez garde de vous laisser infatuer de vous-mêmes et de votre propre mérite, car si l'orgueil se mettait de la partie, l'instruction qui vous est donnée vous serait plus nuisible qu'utile.

Si, par exemple, parce que vous en savez plus que vos mères vous vous croyiez plus aptes qu'elles à toutes choses et dispensées de leur obéir, votre erreur serait grande, et votre malheur serait plus grand encore.

MADAME DUVAL. Voilà assurément un très-joli discours, et de sages vérités; mais grâce à Dieu, ces chères enfants n'en ont pas besoin. Elles sont chrétiennes et solidement instruites de leur catéchisme, elles savent, elles comprennent, elles pratiquent toutes le commandement : *Tes père et mère honoreras*..... Maintenant, allons au jardin. J'y ai vu ce matin des pivoines et des roses qui ne demandent qu'à être cueillies.

MADELEINE. Cueillies?... pour nous?

MADAME DUVAL. Certainement.

Les enfants se dirigèrent en sautant de joie vers le jardin, où nous ne les accompagnerons pas aujourd'hui, car nous avons encore bien des leçons à recevoir à la ferme avant d'en quitter l'intérieur.

CINQUIÈME VISITE A LA FERME

Madame Duval avait dit aux enfants que le jeudi suivant serait jour de lessive à la ferme, et elle leur avait promis, si elles arrivaient de bonne heure, de les employer pour étendre et plier le linge.

Cette promesse les avait occupées toute la semaine, et il ne tint pas à elles de partir dès l'aube ; mais madame Camille, très-ponctuelle dans l'exécution du réglement des classes, ne voulut point entendre parler de supprimer ce jour-là, celle du matin.

On travailla donc, et on travailla avec ardeur, car on savait que c'était pour chacune le seul moyen de prendre part à la promenade, seulement, au lieu de ne partir qu'après le dîner, on emporta de petites provisions et on se mit en route dès la classe finie.

La pensée qu'elles allaient se rendre utiles grandissant à leurs propres yeux, donnait à nos jeunes fillettes une allure plus raisonnable et imprimait à leurs idées et à leur conversation un caractère plus sérieux que de coutume.

Madame Camille profita de cette disposition pour les initier aux premières notions de la chimie élémentaire.

— En revenant de la ferme, jeudi dernier, leur dit-elle, quelques-unes d'entre vous m'ont demandé ce que c'était que la chimie et en quoi elle pouvait être aussi utile que je venais de le dire. Le temps m'a manqué pour leur répondre; aujourd'hui, puisque vous êtes bien attentives, je vais vous l'expliquer tout en cheminant.

Et d'abord, qu'est-ce que la chimie? — C'est la science qui apprend à connaître non-seulement la nature des corps, mais en outre l'action que les différents corps exercent les uns sur les autres.

Appliquée à l'agriculture, la chimie apprend donc comment les plantes s'alimentent aux dépens des *milieux* dans lesquels elles vivent, c'est-à-dire l'air et la terre.

« La chimie apprend aussi comment les récoltes nourrissent les animaux, comment les excréments de ceux-ci mêlés aux litières et aux débris des récoltes, rendent au sol ce que celles-ci lui avaient pris, en un mot comment il faut s'y prendre pour entretenir, malgré les récoltes, la fertilité du sol. »

La chimie donne les moyens de former ou d'améliorer par certaines combinaisons, les boissons, les aliments, de les rendre plus nourrissants et mieux appropriés aux conditions de climat et au genre d'occupation.

— Comprenez-vous cela, mes enfants?

MADELEINE. Parfaitement, madame. C'est la chimie, par exemple, qui a appris que le sel et le vinaigre conservaient les viandes.

MADAME CAMILLE. C'est elle encore qui a indiqué les matières à employer pour laver le linge, la composition du savon, l'action de la cendre dans la lessive, de la benzine sur les taches de graisse, de la vapeur de soufre sur celles des fruits, etc., etc.

MARIE. Alors, sans la chimie on ne saurait rien de tout cela?

MADAME CAMILLE. L'expérience aurait peut-être suffi pour en révéler une bonne partie, mais avec bien plus de tâtonnements et assurément un moindre succès.

LOUISE. Tout le monde alors devrait étudier la chimie?

MADAME CAMILLE. Ce ne serait ni possible ni utile, mais tout le monde doit être reconnaissant des progrès que ses découvertes font faire chaque jour à la société et se rendre compte des principes généraux sur lesquels elle repose. N'est-il pas d'ailleurs curieux et intéressant de savoir comment, « de même qu'avec les vingt et quelques lettres de l'alphabet, les hommes ont écrit une quantité prodigieuse de livres, qu'avec les sept notes de musique, ils ont composé des airs de toute sorte ; de même avec un petit nombre d'éléments, la nature présente sous une foule de formes tout ce que nous voyons dans le vaste univers ?

« Ces éléments, — au moins ceux que l'on a reconnus jusqu'ici, — sont au nombre de 61.

» Un corps qui ne contient que des éléments d'une seule espèce est dit *corps simple*. Celui qui réunit des éléments d'espèce différente est dit *corps composé*.

» L'or, l'argent, le fer, le cuivre, etc., quand ils ne sont point mêlés à des matières étrangères, sont des *corps simples* ; toutes les petites parties ou *molécules* dont ils sont formés sont de l'or, de l'argent, du cuivre, etc.

» L'eau, le bois, la terre, l'air, etc., sont des *corps composés*, car dans l'eau, dans le bois, dans la terre, dans l'air, etc., il y a des molécules de plusieurs espèces et de nature différente. Ainsi, l'eau est un composé d'oxygène et d'hydrogène; l'air, un composé d'oxygène et d'azote, etc.

» Les corps, soit simples, soit composés, se présentent à nous sous trois états bien différents : ils sont tantôt *solides*, tantôt *liquides*, tantôt *gazeux*. A l'état liquide et à l'état gazeux ils sont dits *fluides*.

» Les combinaisons chimiques des corps entre eux, les plus nécessaires à connaître, sont les *acides*, les *oxydes* et les *sels*. ·

» On nomme *acides* et *oxydes* des corps *composés*, résultant de la combinaison d'un corps simple avec l'oxygène.

» Quand cette combinaison a une saveur aigre comme le vinaigre, lorsqu'elle rougit les couleurs bleues végétales, le papier de tournesol par exemple, elle porte le nom d'*acide*. L'*acide sulfurique*, l'*acide carbonique*, sont des combinaisons de l'oxygène avec le soufre, avec le carbone ou charbon, jouissant de ces propriétés.

» Quand la combinaison de l'oxygène avec un corps simple n'a pas les propriétés indiquées ci-dessous, qu'elle ramène au contraire au bleu le papier de tournesol rougi par l'action d'un acide, qu'elle a une saveur âcre, elle porte le nom d'*oxyde*, oxyde de fer, oxyde de cuivre, etc.

» La combinaison d'un acide avec un oxyde forme ce qu'on appelle un *sel.*

» Les sels empruntent leurs noms à leurs parties constituantes. Le *sulfate de chaux* est un sel qui est le résultat de la combinaison de l'acide sulfurique avec de l'oxyde de calcium ou chaux; le carbonate de fer est produit par la combinaison de l'acide carbonique avec l'oxyde de fer. On voit que la terminaison en *ate* annonce immédiatement un sel. »

Demain je vous ferai écrire sous la dictée ces détails et vous les apprendrez ensuite par cœur. Si j'insiste ainsi, ce n'est pas que pour votre usage personnel, ces connaissances vous soient de première nécessité, mais c'est afin de vous mettre à même de vous intéresser aux études de vos pères, de vos frères, et plus tard de vos fils, de vous mêler utilement à leurs conversations et au besoin de les aider, de les diriger dans les expériences qu'ils pourraient avoir besoin de faire; car, ne vous y trompez pas, mes enfants, dans les classes travailleuses surtout, où l'homme est absorbé, accablé souvent par les fatigues de ses occupations au dehors, la femme a la perception plus prompte que lui, et tout ce qui est du ressort de l'intelligence lui est plus facile.

D'ailleurs, pour qu'une famille soit parfaitement unie, et que par suite sa prospérité et son bonheur soient assurés, il faut que rien de ce qui peut intéresser un de ses membres, ne reste entièrement étranger aux autres.

On était ainsi arrivé à la limite d'une vaste prairie qui s'étendait de la cour de la ferme jusqu'aux bords de la petite rivière, dont les eaux limpides servaient aux besoins du ménage et de l'exploitation agricole.

A l'autre extrémité de la prairie, du linge flottait à des cordes tendues sur des piquets plantés de distance en distance, ou reposaient sur l'herbe verte, semblables à de brillants tapis de neige.

Les enfants poussèrent une exclamation joyeuse, à laquelle répondit de loin une aimable bienvenue.

— Arrivez, fillettes, arrivez vite ou il n'y aura plus de besogne pour vous.

En un clin d'œil madame Camille se trouva seule. Toute la bande joyeuse avait pris sa volée à travers la prairie, et c'était plaisir de les voir se disputer à qui arriverait la première.

II. — LA LESSIVE.

Le reste de l'après-midi se passa à retourner le linge sur l'herbe, à le lever de dessus les cordes, à le plier soigneusement et à l'empiler dans de grandes corbeilles à anses, que deux servantes rentraient pleines à la maison et rapportaient ensuite pour qu'on les remplît de nouveau.

Les petites élèves de madame Camille ne boudaient pas à la besogne; elles allaient, venaient et se donnaient un mouvement inouï. La sueur ruisselait sur leurs frais visages et le contentement de soi-même faisait joyeusement briller leurs regards.

— Oh ! la bonne chose que le travail, s'écria Louise

en s'asseyant sur l'herbe avec ses compagnes pour partager l'abondant goûter que la prévoyante madame Duval venait de faire apporter.

— Certes, c'est plus amusant que de pâlir toute une journée sur des cahiers ou sur des livres, dit étourdiment Madeleine.

— Ou de se piquer les doigts à faire un ourlet, objecta une autre fillette.

Madame Camille. Patience, mes enfants, patience, viendra un temps où vous n'aimerez plus autant la lessive et le gros ouvrage, surtout au soleil, et vous regretterez plus d'une fois les heures paisibles de l'école.

Madame Duval. En attendant, tâchez de mettre à profit ces années de la jeunesse si dédaignées, si calomniées et les plus heureuses cependant de la vie. Mais nous ne sommes point ici pour faire de la morale; d'ailleurs ce n'est pas d'aujourd'hui que chacun sait que le travail fait librement, et surtout fait par hasard est toujours trouvé charmant.

Que cette journée qui vous a tant amusées ne s'efface point de votre mémoire, et vous rappelle toujours l'importance et la manière de bien soigner le linge.

Nous verrons tout à l'heure comment on doit choisir et soigner son linge. Occupons-nous en ce moment du blanchissage.

« Chez nous il est d'usage de faire la lessive deux fois par année seulement, et d'aucuns, en attendant, ont la fâcheuse habitude de jeter le linge sale dans des coffres, ou de l'empiler au grenier sur des cordes.

C'est le moyen d'amener la pourriture. Vous vous y prendrez différemment. Vous commencerez par laver, savonner et faire sécher; après quoi, vous pourrez attendre sans inconvénient l'époque habituelle du grand lessivage.

» Cette époque venue, vous choisirez de la bonne cendre de bois, bien recuite, de la cendre dans laquelle on n'aura jamais jeté de ces pelures d'oignons, de ces tiges de poireaux, de ces débris de légumes qui tachent la toile. Vous mettrez les draps en dessous, c'est-à-dire au fond du cuvier, puis les chemises, puis le linge fin enveloppé dans une nappe ou une serviette, et enfin, sur le tout, le gros linge malpropre de la cuisine. Vous verserez doucement de l'eau froide sur les cendres en question, jusqu'à ce que le linge soit bien humecté et le cuvier à peu près plein.

» Cela fait, vous ouvrirez la bonde ou le robinet du bas pour retirer l'eau ; vous la ferez chauffer et la renverserez tiède ou douce sur le cuvier. Après cela, vous soutirerez de nouveau cette eau, la chaufferez un peu plus et la renverserez comme précédemment. Enfin, pour finir l'opération, vous chaufferez l'eau jusqu'à l'ébullition.

» Ce sera l'affaire d'une demi-journée.

» Cette première opération terminée, vous enlèverez les cendres qui ne contiennent plus guère de potasse, et les mettrez quelque part dans un coin, pour les employer à titre d'engrais. Les cendres enlevées, vous retirerez le linge, le savonnerez à la fontaine, à la rivière ou chez vous; vous le rincerez et le ferez sécher.

» Quelquefois, et c'est une bonne méthode quand on peut la suivre, on étend ce linge sur l'herbe après le savonnage, et l'on a soin de l'arroser immédiatement et au fur et à mesure qu'il sèche. Au bout de cinq à six heures, par un beau soleil, on va le rincer à l'eau fraîche, puis on le met au bleu et on le fait sécher de nouveau.

» Vous saurez que c'est le meilleur moyen d'avoir du beau linge. »

MADELEINE. J'ai entendu dire que c'était le linge taché de graisse ou imprégné de crasse qui améliorait la lessive. Il me semble, au contraire, qu'il doit la salir et la gâter.

MADAME CAMILLE. Rien de plus vrai, cependant, et ceci encore s'explique au moyen de la chimie : la potasse, qui constitue la force de la lessive, se combine avec la graisse et les parties grasses de la crasse, et forme une espèce de savon. C'est ce savon qui donne à la lessive ce moelleux qu'elle acquiert vers la fin du coulage. Aussi du linge bien coulé demande-t-il peu de savon et se rince-t-il parfaitement et sans peine.

Le goûter était achevé, mais le travail ne l'était point ; on se remit donc à l'ouvrage, et comme on ne devait rentrer que tard, au clair de lune, — les parents, prévenus d'avance, en avaient donné la permission, — nos fillettes se remirent comme les autres à la tâche.

III. — LA LINGERIE.

Quand le dernier drap eut été plié et la dernière corbeille enlevée, on rentra à la ferme. Les enfants s'étonnèrent de n'y trouver ni encombrement ni désordre, et leur œil curieux cherchait où pouvait se cacher cette masse de linge qu'elles y avaient vu rapporter quelques moments auparavant.

Madame Camille devina le motif de leur préoccupation et elle pria sa mère de vouloir bien leur montrer la lingerie de la ferme.

Madame Duval les fit aussitôt monter au premier étage et les introduisit dans une grande pièce bien éclairée et bien aérée. Sur les deux côtés latéraux étaient disposées de grandes armoires à coulisses ; sur la troisième paroi, à droite et à gauche de la fenêtre, étaient placées deux tables à tréteaux en ce moment chargées d'énormes piles de linge ; près de la porte était un fourneau à repasser ; de l'autre une presse à vis ; enfin deux larges tables, surmontées de cordes tendues d'une extrémité à l'autre de la chambre, occupaient le milieu de la pièce. Une de ces tables était couverte d'un drap à repasser ; sur l'autre, une des femmes de la maison était occupée à détendre et plier les serviettes.

Madame Camille indiqua aux enfants l'usage de chacun de ces objets et leur donna l'explication suivante sur la lingerie en général. La manière de se procurer le linge, leur dit-elle, varie selon le pays, et une femme de bon sens doit donner la préférence au mode le plus économique dans la contrée qu'elle habite.

Cependant, règle générale : pour les draps de lit, les chemises de fatigue et de travail et les essuie-mains, vous prendrez de la toile de chanvre. Pour le linge fin et délicat, vous prendrez, si votre bourse vous le permet, de la toile de lin qui est plus blanche que l'autre, mais qui, en retour, est moins forte, et par conséquent moins durable.

Quoi qu'il en soit, un ménage de ferme doit avoir du linge de toute sorte en quantité suffisante. S'il est déraisonnable, ruineux d'avoir des masses de linge qui sont gênantes en même temps qu'inutiles, car elles s'usent sans profit dans les armoires, il est tout à fait contraire à la propreté, à la santé et même à la saine économie de manquer du linge nécessaire d'une lessive à l'autre.

Une bonne fermière apporte des soins particuliers à la confection, à l'entretien et à la conservation du linge de son ménage. Elle fait un relevé, par quantité et qualité, de tout le linge de la ferme. Des notes exactes la mettent en état de s'assurer si le linge sorti pour les différents usages de la maison ou mis à la lessive est rapporté. Les objets perdus ou hors de service sont remplacés; ceux qui sont déchirés sont raccommodés avant d'être employés de nouveau.

Le linge sale n'est pas traité avec moins de soins. Il est conservé dans un grenier bien aéré, sur des perches ou des cordes placées hors de l'atteinte des rats et des souris. Chaque sorte de linge sale a sa place distincte, ce qui fait qu'au lessivage il est facile de le traiter convenablement.

Venons maintenant au linge lessivé : les draps, comme vous l'avez vu, ont été pliés sur le pré même; les voici maintenant empilés sur cette table, ils y resteront deux ou trois jours, afin qu'ils soient complétement secs lorsqu'on les mettra dans l'armoire.

Les nappes, les serviettes et les essuie-mains que voici à part seront tous visités, pliés et placés ensuite par piles dans la presse.

Quant aux cols, chemises, mouchoirs, linge de toilette, on les repassera après les avoir bien inspectés, pour s'assurer qu'il ne s'y trouve point de déchirures. Et, ceci fait, on met chaque chose à sa place dans l'armoire, avec quelques tiges d'aspérule odorante sèche. Les personnes qui n'ont point d'aspérule sous la main mettent dans la lessive des racines sèches d'iris d'Almagne, afin d'embaumer quelque peu la toile.

« Il va sans dire que le linge de ménage sera toujours marqué et numéroté, soit par les moyens ordinaires, soit avec de l'encre particulière, dont je vais vous donner la composition et l'emploi :

» Vous prendrez chez le pharmacien un peu de pierre infernale et un peu de gomme arabique, vous mettrez deux parties de cette pierre infernale et une partie de cette gomme dans sept parties d'eau de pluie et vous agiterez le tout pour opérer le mélange. C'est comme si je vous disais : Vous prendrez deux grammes de pierre infernale, sept grammes d'eau, un gramme de gomme arabique, vous remuerez bien, et l'encre sera faite, encre blanche, c'est vrai, mais qui ne tardera pas à prendre de la couleur. Avant de s'en servir, on saupoudre la place à marquer avec de la soude du commerce ou avec du savon rapé ; on donne un coup de fer sur cette place, afin de rendre du corps au tissu, de le raffermir, puis on écrit avec une plume ordinaire, et on fait sécher. Les lettres, d'abord imperceptibles, bruniront peu à peu et se fonceront en couleur à chaque lessive. »

Les élèves de madame Camille étaient pour la plupart filles de simples cultivateurs ; quelques-unes appartenaient à des familles assez aisées, mais aux habitudes incomparablement plus modestes que celles de la ferme de madame Duval ; aussi étaient-elles étonnées, éblouies même par tout ce qu'elles voyaient.

Elles ne purent s'empêcher d'exprimer cet étonnement :

— Jamais, s'écrièrent plusieurs d'entre elles, jamais elles n'auraient ni autant de linge, ni une chambre tout entière pour le serrer, ni tant d'ustensiles et de bras pour l'arranger.

— *Qui peut plus peut moins*, répondit sagement madame Duval. Une bonne ménagère ne doit ignorer aucun des détails que comporte la direction d'une maison ; à elle ensuite d'approprier son savoir et son expérience aux besoins de son intérieur...

Cependant la lune s'était levée, il était temps de quitter la ferme.

SIXIÈME VISITE A LA FERME

I. — LA BASSE-COUR

Madame Camille et sa bonne mère étaient parvenues à intéresser les enfants aux conversations sérieuses et utiles; elles avaient touché dans leur cœur la corde sensible de l'amour de la famille, de la charité pour le prochain et de la compassion pour les animaux, et, grâce à ces trois sentiments qui, bien compris, n'en font qu'un, nos fillettes, toujours gaies et joyeuses, ainsi que le comportait leur âge, voyaient en même temps se développer en elles l'attachement, la fidélité au devoir et l'ardeur à connaître non-seulement les obligations de leur vie actuelle, mais celles qui les attendaient dans l'avenir.

Elles avaient ainsi, grâce à une bonne direction et à l'ascendant d'une piété bien entendue, reporté vers un but louable cette curiosité futile et quelquefois dangereuse, qui est un des plus grands écueils de l'enfance et de la jeunesse.

Initiées à tout ce qui concerne l'administration intérieure d'une ferme, elles aspiraient maintenant à recevoir les mêmes enseignements sur les attributions extérieures de la ménagère, c'est-à-dire l'entretien de la basse-cour et des animaux, l'organisation et l'exploitation de la laiterie, la culture du potager et du parterre.

Certes, elles avaient toutes des notions sur ces ma-tières, car on ne saurait habiter la campagne sans posséder, dans des proportions plus ou moins res-treintes, une basse-cour composée de quelques poules et au moins d'un porc ou d'une chèvre, sinon une vache ! Mais les découvertes qu'elles avaient faites à la ferme en matière d'économie domestique jointes à ce que leur avaient révélé les rapides coups d'œil donnés en passant au poulailler et aux étables, leur persua-daient qu'elles ignoraient une foule de choses, et que même ce qu'elles savaient, elles le savaient mal.

Cette conviction et ce désir d'apprendre les stimu-laient tellement, qu'elles semblaient avoir des ailes le jeudi, où madame Camille leur annonça que madame Duval les attendait pour leur faire visiter son pou-lailler et ses étables, et leur en expliquer l'aménage-ment.

Il leur semblait qu'elles n'arriveraient jamais à la ferme, et elles l'envahirent avec une pétulance qui fit sourire la bonne madame Duval. Bon gré, mal gré, cependant, il fallut prendre *un air de feu* devant l'im-mense cheminée de la cuisine où flambaient gaiement quelques brassées de menu bois.

— Se chauffer en plein été, quand on étouffe, à quoi bon?

Madame Camille. C'est justement parce qu'il fait très-chaud et que vous êtes en nage, qu'un courant d'air, et même une température un peu plus fraîche, dans laquelle vous passeriez subitement, pourrait amener les plus graves accidents.

Se chauffer en plein été, ainsi que vous le disiez tout à l'heure, est donc une vieille habitude campagnarde, dont on ne se fait point faute de se moquer dans les villes, mais que je vous engage fort à ne jamais dédaigner.

II. — LES OISEAUX DOMESTIQUES, LE POULAILLER ET LES POULES.

On quitta bientôt la cuisine pour la basse-cour, où le poulailler attira tout d'abord l'attention des enfants. C'était un petit bâtiment en briques de six à sept mètres de long, sur trois mètres de largeur.

La porte principale ouvrait au levant, et en face de cette porte, du côté du couchant, était une lucarne de quarante centimètres carrés avec grillage fixe. Madame Duval fit remarquer aux enfants qu'en outre du grillage, cette fenêtre était close la nuit par un volet plein.

— En hiver, ajouta-t-elle, je tiens ce volet fermé, car les poules sont assez frileuses de leur nature. Je me borne alors à donner de l'air au moyen de ce trou que vous voyez au milieu de la porte, et par lequel les poules peuvent même entrer et sortir.

MADELEINE. Pourquoi ce trou est-il mis plus haut que la moitié de la porte? Il serait bien plus commode pour les poules qu'il se trouvât au niveau du sol ou à peu près, quelque chose comme une chattière.

MADAME DUVAL. Ce dernier mot contient la réponse à votre question, ma chère enfant. En effet, une ouverture ainsi disposée donnerait passage aux rats, aux belettes, aux chiens même, qui pourraient ainsi pénétrer dans le poulailler et y commettre toute espèce de dégâts.

L'été, le volet de la fenêtre ne se ferme jamais, et la porte est toujours telle que vous la voyez, c'est-à-dire grande ouverte quand la volaille est dehors.

Beaucoup de gens à la campagne s'imaginent que parce que les poules salissent beaucoup, elles s'accommodent parfaitement de la malpropreté, et ils se dispensent de nettoyer le poulailler. Erreur, mes enfants, grande erreur! La propreté est non-seulement la condition indispensable du bien-être pour toute créature, mais encore sans elle pas de santé pour les animaux, peu de profit pour l'éleveur. Sans compter que le fumier qui provient des poulaillers, et qu'on appelle colombine, est un des meilleurs engrais connus.

Tel est le principe qui m'a toujours servi de règle, et je ne m'en trouve point mal.

Ainsi, deux fois par an, je fais blanchir l'intérieur à l'eau de chaux, et la petite auge en pierre que vous voyez là, le long du mur opposé au juchoir, est nettoyée trois fois par semaine et remplie d'eau propre chaque matin.

MARIE. Je n'avais jamais vu de perchoir semblable au vôtre, madame Duval. Maman cependant aime beaucoup ses poules et les soigne bien ; ce qui n'empêche pas que son juchoir soit tout simplement formé par quelques bâtons, disposés les uns au-dessus des autres.

MADAME DUVAL. Tel est, en effet, le système ordinaire, et je ne dis point qu'il soit mauvais ; je n'en ai pas moins adopté celui-ci, qui me semble préférable, parce que le grillage qui le forme, appliqué à la manière d'une échelle contre le mur, est disposé de telle sorte que la volaille perchée ne peut salir celle qui est posée sur les échelons inférieurs.

MADAME CAMILLE. Voici Madeleine en contemplation au moins depuis un quart d'heure ; qu'a donc la muraille de si intéressant?

MADELEINE. Ce n'est pas la muraille qui m'occupe, madame, ce sont ces jolis paniers garnis d'étoupe. Je vois bien que c'est là que les poules vont pondre, et je me dis qu'elles sont ma foi bien heureuses d'avoir de si jolis nids. Chez nous on ne se donne point tant de peine : on met tout simplement un peu de paille dans les coins du poulailler, et on creuse quelques trous à même le mur.

MADAME DUVAL. Mauvais système, car combien d'œufs se cassent ou se perdent ainsi, sans compter que l'humidité du sol ou de la muraille nuit aux poules ; ce n'est pas cependant que les paniers n'aient aussi leurs inconvénients, les punaises et les puces s'y logent volontiers, mais un peu de propreté y remédie aisément. Il suffit en effet de les nettoyer de temps à autre. Après les avoir bien lavés, les ménagères soi-

gneuses les parfument avec de la fumée de menthe,
de lavande ou de genévrier. Quant à moi, je vais plus
loin encore. De temps en temps je fais parfumer l'intérieur du poulailler en jetant du vinaigre sur une pelle
rouge ou sur des charbons ardents.

MADELEINE. Que de précautions et de soins pour
des animaux ! Cela rapporte donc beaucoup, ce poulailler, pour qu'on y prenne tant de peine.

MADAME DUVAL. Certes, les oiseaux de basse-cour
sont bien loin d'être la fortune de la ferme, car tout bien
compté, ils coûtent souvent plus qu'ils ne rapportent ;
mais ils en sont la vie, ils l'animent, ils l'égayent et ils
sont sans cesse sous la main de la ménagère une
ressource toute prête pour améliorer la nourriture du
ménage et parer à un besoin inattendu.

MARIE. Combien de poules peut contenir un poulailler comme le vôtre, madame ?

MADAME DUVAL. Il a été fait de manière à loger
une centaine de poules.

MADAME CAMILLE. Il est à observer que ces dispositions, calculées d'après les conditions atmosphériques
de nos contrées, c'est-à-dire d'un climat tempéré, ne
sauraient servir de règle partout. Ainsi, dans les pays
chauds, le même nombre de poules réclamerait un es-
pace beaucoup plus grand.

« Dans les pays froids, en allant vers le nord, on
doit les mettre très à l'étroit et les tenir serrées les
unes contre les autres, autrement elles auraient
de la peine à résister. Et cela est si vrai, que dans
l'Ardenne belge, par exemple, les petits poulaillers ne
suffisent pas toujours à sauver les poules des rigueurs

du froid, et qu'il devient nécessaire de les loger en hiver parmi les vaches et les chevaux. »

Le choix des poules, comme espèce, est aussi important.

Les meilleures races sont les poules communes ou villageoises, les cochinchinoises, les pattues ou anglaises, et les poules russes ou de Padoue ; et parmi toutes celles-ci ce sont encore les communes qui valent le mieux. Qu'elles dominent donc dans votre poulailler, si jamais vous en avez un. Encore y a-t-il du choix à faire.

« Prenez les foncées, car les blanches ou à plumage clair pondent moins longtemps, se fatiguent plus vite que les noires, les brunes et les rousses. Recherchez celles qui ont la tête grosse, la crête vive et pendante, l'œil vif, le cou gros, la poitrine large, le corps trapu et lourd, les jambes et les pieds jaunâtres, les ongles courts et gros. Évitez celles qui imitent le chant du coq, non parce qu'elles portent malheur à la ferme, au dire des gens crédules, mais parce qu'elles sont d'un caractère taquin, batailleur et ne conviennent ni pour pondre ni pour couver.

» Vous n'aurez qu'un coq pour vingt poules. Vous le choisirez de taille moyenne, à plumage brillant, hardi dans ses allures, portant la tête haute, ayant l'œil vif, la crête large, la queue à deux rangs et formant bien la courbe. Celui qui, en outre de ces qualités, aura le bec fort, l'oreille grande, la poitrine bien développée, les cuisses longues, la voix forte et sonore, l'ergot solide, celui qui enfin grattera bien la terre et se montrera plein de sollicitudo pour les poules, méritera la préférence.

» Vous ne conserverez pas de poules maraudeuses et vagabondes; elles vous exposeraient à toutes sortes de désagréments de la part des voisins et perdraient leurs œufs à droite ou à gauche. Les bonnes poules ne doivent pas sortir de la ferme. Vous n'en conserverez pas non plus au delà de cinq ans, attendu que, passé cet âge, elles pondent moins que les jeunes.

» Vous tiendrez pour bonne, toute poule qui vous donnera de quatre à cinq œufs par semaine durant la saison favorable, et vous pourrez entretenir la ponte une partie de l'hiver, pourvu que le logis soit chaud et la nourriture excitante, comme le chènevis, le sarrasin, l'avoine et les graines de grand soleil.

» Parlons maintenant de la couvaison. Vous prendrez à cet effet des œufs de jeunes poules qui aient moins de vingt jours, et ne contiennent pas deux jaunes. Vous les placerez dans un panier garni de vieille paille, de balles de grains, d'étoupes, et assez large pour contenir de douze à quinze œufs. Vous choisirez, pour les faire couver, une poule vieille, grasse, bien emplumée, et ne craignant ni l'homme ni les animaux. Vous reconnaîtrez que cette poule est disposée à couver lorsqu'elle ne pond plus, qu'elle glousse sans cesse et paraît inquiète.

» Au bout de quelques heures, vous saurez si les œufs du panier sont de bonne qualité pour la couvaison. Les bons deviendront louches ; les mauvais resteront clairs. Vous remplacerez ces derniers, mais seulement la nuit. Sans cette précaution, la poule les renoncerait et déserterait le panier.

» Tout le temps de la couvaison, vous veillerez sur

la couveuse; car on en a vu se laisser mourir de faim plutôt que de quitter les œufs. Vous mettrez donc près de son nid et à portée de son bec, l'eau et la nourriture nécessaires.

» Du vingt au vingt-deuxième jour, les œufs couvés s'ouvriront et les poussins ne tarderont pas à sortir du nid. Au moment de l'éclosion, vous vous garderez bien de déranger la mère [1]. »

Mais dès que l'éclosion est terminée, vous lui viendrez en aide pour nourrir ses petits et leur donnerez de la pâtée de farine ou du pain trempé dans du lait.

Ces soins dureront une dizaine de jours, pendant lesquels vous tiendrez la mère et les petits séparés des autres poules, qui pourraient écraser les poussins.

MADELEINE. Les poules sont-elles susceptibles d'attachement et de reconnaissance pour les personnes qui les soignent ?

MADAME CAMILLE. Sans nul doute; en destinant certains animaux à vivre près de l'homme et à devoir leur existence à ses soins, Dieu a établi une sorte de lien réciproque entre eux. Il a voulu que l'homme, non-seulement par compassion, mais par le sentiment de l'intérêt propre, fournisse abondamment aux besoins des animaux domestiques et en échange il a donné à ces animaux un instinct tout particulier qui les attache à leur bienfaiteur.

Mais pourquoi insisterais-je à cet égard ? relisez ce

____

[1] Conseils a la jeune fermiere.

soir, en rentrant chez vous, l'intéressant chapitre que M. Bourgoin a consacré à la basse-cour dans ses *Entretiens d'un Instituteur* [1].

III. — LES CANARDS, LES OIES ET LES DINDONS.

Dans le même chapitre vous trouverez aussi les détails les plus attachants sur les mœurs des dindons, des oies, des pigeons; sur leur intelligence en même temps que sur l'indigne cruauté de certaines ménagères qui martyrisent les canards et les oies, non-seulement pour l'engraissement, mais encore pour les amener à un horrible état de maladie qui grossit considérablement leur foie.

MARIE. Quelle horreur ! martyriser une pauvre créature du bon Dieu pour avoir un foie plus gros.

MADAME CAMILLE. Et meilleur, à ce qu'affirment les gourmets. Que cette cruauté, qui vous révolte à bon droit, mes amies, vous mette en garde contre la sensualité et la gourmandise. Voyez à quel point ces deux passions dépravent l'homme et détruisent en lui tous les instincts de justice et de compassion. Que cet exemple vous rende bonnes et modérées, et vous pénètrent de cette vérité : que, si Dieu nous a prodigué ses dons, c'est pour que nous en usions, mais sans en abuser jamais.

1. M. Lesage, p. 18 à 34.

A ce moment les troupeaux rentraient à la ferme, et la basse-cour se trouva envahie en un instant par les oies et les dindons, que deux petits bergers ramenaient des champs. Madame Duval en prit occasion pour ajouter aux paroles de sa fille et aux détails que les enfants se faisaient une fête de chercher au retour, dans *Monsieur Lesage*, les quelques explications suivantes :

« Il y a deux variétés d'oies, une grande et une petite.

» Les oies de la grande race sont les plus productives. On nourrit les oies pour leurs plumes, leur graisse et leur chair.

» Il y a aussi diverses espèces de canards : le *barboteur commun* est la petite espèce; le *canard de Normandie* est la grosse espèce ; le *canard musqué* ou de *Barbarie*, que l'on appelait aussi autrefois *canard de l'Inde* ou de *la Guinée*, et enfin les *mulets* ou *mulards*, qui tiennent du canard de Barbarie et du canard commun.

» Pour élever des canards, il suffit d'avoir de l'eau où ils puissent barboter à leur aise ; à cette condition ils s'élèvent et s'engraissent sans exiger ni grands soins ni grandes dépenses.

» Le dindon serait de tous les oiseaux de basse-cour le plus productif, car il est très-recherché dans le commerce, mais il demande, durant les premiers mois, des soins trop minutieux, pour convenir dans une ferme. Le soleil ardent étourdit les dindonneaux, le vent les glace, le froid, la pluie, le brouillard, le serein même les tuent, tant qu'ils n'ont pas pris le *rouge*.

On appelle rouge les boutons ou *caroncules* qui couvrent la tête et le cou des dindons. Le rouge ne vient qu'au bout de deux mois.

» La pintade, ou poule de Numidie, ne convient point à la basse-cour d'une ferme. Cet oiseau est sauvage et importun par ses cris perçants; l'éducation des pintadeaux est plus difficile que celle des dindonneaux. C'est dommage, car la chair de la pintade est excellente, et cette poule donne jusqu'à cent œufs par année.

» Il y a deux sortes de pigeons, les pigeons de volière et les pigeons fuyards. Ceux-ci cherchent leur nourriture dans les champs qu'ils dévastent; ils sont un véritable fléau pour l'agriculture.

» Les pigeons de volière ne s'éloignent guère du colombier, il faut les nourrir comme les autres oiseaux de basse-cour. Ils ne sont pas d'un grand rapport; pourtant le produit de ces pigeons peut payer leur nourriture : ils font de six à dix couvées par an. Une grande propreté dans le pigeonnier est indispensable à la prospérité des pigeons de volière. »

— Mais en voilà assez, mes enfants, le soir s'avance et il serait bien possible qu'avec le lever de la lune éclatât un orage. Je sens cela à mes rhumatismes qui se réveillent. Prenez garde d'en attraper quelques-uns en vous mouillant sans nécessité, car ce sont de rudes compagnons. Allez, hâtez-vous bien vite afin d'arriver avant la pluie.

Jeudi prochain je vous ferai voir ma laiterie. En attendant, bon courage au travail.

SEPTIÈME VISITE A LA FERME

I. — LA LAITERIE.

La promesse que madame Duval avait faite aux enfants de leur montrer sa laiterie, les occupa toute la semaine. Dans les pays de pâturages, la laiterie est une des parties les plus importantes d'une exploitation agricole, celle dont la ménagère se montre la plus jalouse et la plus fière. C'est en quelque sorte son domaine propre, le centre de sa souveraineté et elle permet difficilement à un pied étranger d'en franchir le seuil, à un regard profane d'en pénétrer les mystères.

Cette susceptibilité de la fermière, en ce qui touche sa laiterie, n'est d'ailleurs ni un caprice ni un abus de pouvoir ; elle a sa raison d'être dans l'extrême délicatesse du laitage.

« Le lait, en effet, aime le calme, le demi-jour plutôt que la lumière, la fraîcheur, la propreté, l'air pur et une température égale.

» Par conséquent, continue le même guide intelligent et sûr que nous avons cité plusieurs fois [1], on

1. Conseils à la jeune fermière.

éloignera le plus possible la laiterie de la cour et de la rue, à cause du passage des voitures qui remuent toujours un peu le sol et font frissonner les vitres.

» Par conséquent encore, vous placerez la laiterie dans une cave ou dans un lieu faiblement éclairé par de petites fenêtres, et jamais à l'exposition du midi.

» Par conséquent encore, les murs seront blanchis à l'eau de chaux, les planches des rayons seront en parfait état de propreté, les dalles lavées et épongées plusieurs fois par semaine, et, afin de maintenir dans la laiterie un air pur et une température égale, on n'y entrera ni avec des chaussures malpropres, ni avec des lampes fumeuses : on n'y laissera point de fromage fort, point de vieux petit lait sur la pierre aux égouts, on se méfiera du voisinage des fumiers et des éviers et on évitera les allées et venues qui ne sont pas indispensables au service, car plus souvent l'on ouvre et ferme la porte de la laiterie, plus souvent l'on agite l'air et l'on renouvelle la température.

» Remarquez bien ceci, mes enfants : Les pays renommés pour leurs laiteries le sont ordinairement aussi pour leur propreté. Questionnez ceux qui ont vu la Hollande, les Flandres belges, la Flandre française, le pays de Bray, le Jura, la Suisse, et ils vous répondront : C'est la pure vérité ; dans ces contrées-là, les maisons ont un air de fête, tout y reluit, en dehors et en dedans ; le cuivre, le fer et l'étain font miroir, les meubles de bois aussi, à force d'avoir été frottés ; les gens font, de leur côté, plaisir à voir : la misère elle-même n'a rien qui répugne ; elle se lave, se rapièce et se brosse. Telle pauvre femme n'est habillée que de morceaux rajustés, mais ces morceaux tiennent ensemble et ont de la fraîcheur.

» Pas de propreté, pas de laiterie ; voilà la loi.

» Et ce n'est pas seulement de la propreté sur les personnes qu'il s'agit ; il s'agit encore de la propreté des ustensiles à l'usage du lait. Ainsi, tous les jours on lavera les vases en bois avec de l'eau chaude, après quoi on les frottera avec du sable fin ou de la terre glaise ; enfin, on les rincera à l'eau froide, on les brossera avec une brosse en chiendent, afin qu'il ne reste rien dans les rainures, et on les fera sécher au soleil, ou, à défaut du soleil, devant un feu doux. On lavera avec les mêmes soins les vases destinés à la traite, les filtres qui servent à passer le lait, les barattes, les moules à fromages, les cuillers ou les coquilles qui servent à lever la crème, les terrines, en un mot tout le mobilier ordinaire de la laiterie.

» Ces précautions, qui paraîtront peut-être extrêmes, sont indispensables. Pour peu qu'il reste de lait, de crème ou de fromage dans les angles ou les jointures des vases, la fermentation se produit, l'aigreur se fait, puis les produits se conservent mal et se gâtent sans que l'on sache pourquoi. »

Ces explications que les enfants groupées autour de madame Camille recueillaient avec attention étaient données, tout en marchant, par l'excellente institutrice ; on arriva ainsi à la ferme presque sans s'en apercevoir, et préparé par avance à mettre à profit les enseignements pratiques qu'on allait y recevoir.

La laiterie de la ferme était la mise en œuvre parfaite de la théorie qui précède.

Tout y brillait à réjouir les yeux. Tout y était dans un ordre parfait. Les grandes terrines de grès s'alignaient sur des étagères de bois blanc qui semblaient posées de la veille, tant elles étaient propres. Les mesures et autres ustensiles de fer-blanc reluisaient comme de l'argent; les claies, les corbeilles et les moules en osier, disposés par ordre de dimension, faisaient penser à l'étalage d'un marchand vannier; le sol, dallé et relevé des deux côtés, formait au milieu une espèce de rigole légèrement en pente, qui permettait de laver à grande eau et d'obtenir un écoulement rapide et complet.

Madame Duval modérait sa voix un peu forte, et les enfants semblaient craindre de respirer pendant qu'elle leur montrait les diverses transformations par lesquelles passe le lait avant de donner à la ménagère le beurre et le fromage.

Bientôt, ne se bornant plus à ces explications, elle appela une servante, afin de leur montrer comment on bat le beurre.

Ce n'était certes pas la première fois que ces opérations rurales se faisaient en leur présence, la plupart d'entre elles y avaient même aidé plus d'une fois, mais quelle différence... Marie ne put s'empêcher d'en faire l'observation :

— Bien des fois, dit-elle, j'ai vu de pauvres ménagères s'essouffler à battre la crème des heures entières sans arriver à faire leur beurre; à qui cela tenait-il?

Madeleine. C'est la faute aux sorciers qui leur avaient jeté un mauvais sort.

Madame Camille. Les sorciers, — qui d'ailleurs n'existent pas et n'ont jamais existé, mettez-vous bien la chose en tête, mes enfants, — les sorciers, n'ont que faire à cela. La mauvaise chance vient des ménagères seules : ou plutôt ce sont elles qui ont introduit le sorcier dans la laiterie.

Marie. Comment cela.

Madame Duval. Eh ! oui, mon enfant.

« Le sorcier, c'est la vieille crème ; le sorcier, c'est encore parfois la température. S'il fait trop chaud, le beurre se fait mal ; s'il fait trop froid, le beurre se fait mal encore. Il y a un degré qu'il convient d'observer ; plus haut ou plus bas on échoue. Une température de quinze à seize degrés de chaleur me semble favorable au battage du beurre, et pour l'atteindre il convient de chauffer la baratte en hiver avec de l'eau chaude, et de la rafraîchir en été avec de l'eau froide.

» Enfin, pour ne pas se tromper sur le degré de température et agir à peu près sûrement, toute ménagère doit avoir dans sa laiterie un petit meuble comme celui-ci : »

Et madame Duval désignait un thermomètre suspendu à la muraille.

Louise. Mais il faut être riche pour avoir de ces ustensiles-là, et savant pour y connaître quelque chose.

Madame Camille. Double erreur. L'acquisition d'un thermomètre est une affaire d'un franc cinquante à deux francs au plus, et on en a pour la vie. Quant à son emploi, il suffit de connaître les chiffres.

Seulement il y a deux espèces de thermomètre :

7

le thermomètre centigrade et le thermomètre Réaumur. Ce dernier compte seulement 80 degrés, et l'autre en compte 100. Le centigrade est le plus en usage; c'est donc celui dont vous devez vous servir, car vous saurez que toutes les fois que vous ne verrez point dans les livres, et n'entendrez point dire *thermomètre Réaumur*, c'est du thermomètre centigrade qu'on veut parler.

« Assez généralement, l'on s'imagine que pour être bon le beurre doit être jaune; en sorte que, pour le mieux vendre, nos ménagères s'attachent à obtenir la couleur en question. Pour cela, elles laissent vieillir la crème, au risque de passer deux ou trois heures ensuite à la battre; ou bien, lorsqu'elles ont affaire à de la crème fraîche, elles la colorent avec un peu de jus de carottes ou de fleurs de soucis. Les connaisseurs seuls ne rebutent pas le beurre blanc.

» L'important dans la préparation du beurre, c'est de bien le laver au sortir de la baratte, et jusqu'à ce que l'eau de lavage ne blanchisse plus. Il convient de n'y laisser ni petit lait, ni débris de fromage qui fermentent vite et rendent le beurre fort.

» Ainsi pressé, le beurre se conserve bien et lorsque en temps chaud il devient utile de prolonger sa conservation et de le maintenir frais, il suffit de le placer dans une assiette creuse, avec de l'eau froide, de recouvrir cette première assiette d'une seconde et de verser de l'eau en dessus pour empêcher l'air de passer à leur point de réunion Chaque jour on changera cette eau sans découvrir le beurre, et on n'aura qu'à s'en féliciter. »

Après le beurre, le fromage :

« Quand on a séparé la crème du lait, il ne reste plus que le fromage à séparer du petit lait. C'est ce que l'on fait avec de la présure ou un acide quelconque, afin d'aller plus vite en besogne, car rien qu'avec le temps la séparation se ferait toute seule. La présure dont on se sert le plus communément, est préparée avec l'estomac de jeunes veaux et le lait caillé qui s'y rencontre. »

Mais les espèces et les variétés de fromages sont si nombreuses, leur confection est si différente suivant les pays et les usages, et d'autre part, les manières adoptées dans chaque contrée sont si connues des ménagères qu'il est impossible que je vous en parle ici.

Voici donc mon dernier mot sur la laiterie.

N'oubliez point que ses produits ne sont pas d'un égal rapport.

« La vente du lait rapporte plus que celle du beurre et celle du beurre plus que celle des fromages gras. Donc, dans le voisinage des villes, vendez votre lait, ne faites guère de beurre et encore moins de fromage [1]... »

---

1. Toutes les citations de ce paragraphe nous ont été fournies par l'excellent ouvrage que nous avons eu occasion de mentionner souvent et que nous consulterons encore dans ce travail : *Conseils à la jeune fermière.*

II. — LES VACHES.

En remontant de la laiterie, madame Duval conduisit les enfants aux étables.

MADAME DUVAL. La prospérité d'une ferme dépend des troupeaux, et la prospérité des troupeaux dépend de trois causes principales : la disposition de l'étable, la nourriture et la propreté.

Or, la vache laitière étant, dans le gros bétail, la plus intéressante bête de l'étable, son installation et son alimentation doivent être l'objet de toute la sollicitude d'une bonne fermière.

Aussi, voyez, mes enfants, que de précautions nous avons prises pour que les nôtres soient le mieux possible.

Parce que les animaux endurent toutes sortes de misères sans se plaindre, les caractères insouciants s'imaginent qu'ils n'en souffrent point, et ils exigent d'eux toute espèce de bons services, tout en ne leur donnant eux-mêmes que l'indispensable, et encore... On semble leur plaindre jusqu'à l'air qu'ils respirent. Les étables sont étroites, humides, obscures, encore y laisse-t-on croupir les eaux sales, et se décomposer les litières et fumiers, sans songer à la double perte qui en résulte.

Un animal mal soigné est comme un homme mal nourri. Il travaille mal et produit peu, sans compter les maladies qui peuvent en résulter. Le fumier mal traité perd de sa force et de sa quantité.

Tandis que dans des étables propres, claires, bien aérées et suffisamment spacieuses comme celle-ci, les animaux se plaisent ; on pourrait dire, en effet, qu'ils vivent ainsi dans le contentement et dans la joie ; ils sont de plus belle humeur, ils mangent mieux et travaillent et produisent davantage sans qu'il en coûte plus. Car, remarquez-le, le gaspillage par faute de soin, absorbe et bien au-delà les pitoyables économies que certaines ménagères ont la barbarie de faire sur la nourriture du bétail.

Puisque je vous parle de la nourriture des animaux, et en particulier des vaches, laissez-moi vous dire tout de suite qu'un point très-essentiel est l'exactitude dans les heures et les rations des repas.

Que les heures soient tout aussi fidèlement réglées et observées pour leurs repas que pour ceux des habitants de la ferme.

A cet effet, le foin doit être bottelé et pesé, l'on doit savoir également le poids du fourrage vert et des racines.

J'exige de tous les travailleurs de la ferme une grande douceur envers les animaux, et le meilleur, le plus habile des valets, la plus intelligente et laborieuse des servantes, je ne les garderais à aucun prix si je les voyais les brutaliser et les malmener.

MADELEINE. On est bien obligé cependant de frapper les bêtes rétives ; un bouvier, par exemple, ne ferait pas grande besogne sans son aiguillon ?

MADAME DUVAL. L'aiguillon, entre les mains du laboureur, est comme l'éperon au talon du cavalier : un moyen de diriger l'animal qu'il conduit. Mais ce ne saurait être un instrument de torture, comme d'aucuns le pensent. Celui donc qui en abuserait aurait un méchant cœur et ne mériterait point l'estime des honnêtes gens.

LOUISE. Je connais cependant des gens qui ne sont point méchants, tant s'en faut, de braves gens incapables de nuire à personne, et qui ne se font pas scrupule de lancer une pierre à une vache qui s'écarte de son chemin, de mettre les chiens à ses trousses, voire de la frapper à coups de bâton.

MADAME DUVAL. Ne tolérez jamais cela, mes enfants. Bien que trop souvent ceux qui en usent ainsi ne le fassent point par méchanceté, mais par routine, ils n'en sont pas moins blâmables, car nous sommes tous responsables de nos mauvaises habitudes, et celle-là est mauvaise et cruelle.

MARIE. Une bonne vache est difficile à trouver. Voudriez-vous bien nous dire, madame, quelle race est préférable ?

MADAME DUVAL. Aucune race, mes enfants, n'a le privilége exclusif des qualités que l'on recherche dans une vache ; dans toutes il y a de bons et de mauvais individus ; de plus il est sage de se conformer aux idées adoptées à cet égard dans le pays que l'on habite, car, selon le climat, les pâturages, telle ou telle race, réputée excellente dans un endroit, devient très-peu productive dans un autre.

Une bonne vache laitière est celle dont le lait est abondant, riche en crème et en beurre, et ne tarit presque point. Elle a d'ordinaire une physionomie douce, la tête petite, la peau fine et souple, la charpente osseuse et légère, et une apparence de maigreur plutôt que d'embonpoint.

MARIE. On dit que les vaches blanches sont meilleures laitières que les autres et que le lait des vaches sans cornes est préférable à tout autre.

MADAME DUVAL. Pur préjugé, mon enfant. La couleur et les formes ne sont pour rien dans la qualité et la quantité du lait; mais, en revanche, la nourriture y est pour beaucoup.

Ainsi :

« En été, le meilleur lait est produit par les trèfles, par le seigle vert et l'herbe des prés; en hiver, par le foin, le regain, les trèfles secs et les pommes de terre cuites. Les tourteaux d'huile, les farines d'orge et les recoupes de froment sont toujours employés très-utilement.

» Des plantes aromatiques, comme le thym, le cumin des prés, les racines de persil et les baies de genièvre, mêlées au fourrage, stimulent l'appétit des vaches et parfument leur lait. Le sel ne doit jamais y être ménagé. »

Il est important que vous sachiez que les vaches n'aiment pas l'eau glacée, c'est pourquoi elles refusent souvent de boire en hiver.

LOUISE. Je me suis laissé dire que tout le monde ne savait pas traire les vaches; il me semble pourtant que ce n'est point chose difficile.

MADAME DUVAL. Difficile, non. Mais il faut y avoir la main, et de plus il faut savoir se faire bien venir de l'animal, car les vaches ont la faculté de retenir leur lait, ce qu'elles ne manquent point de faire quand la personne chargée de les traire s'avise de les malmener. Elles le refusent en effet à la force brutale, tandis que les caresses le font couler aisément.

A ce sujet, je puis vous conter une petite histoire et vous en garantir l'authenticité.

Dernièrement mon mari se trouvait chez des parents, dans un département voisin du nôtre, et il causait avec un bouvier, le doyen de la contrée, qui lui demanda s'il voulait assister à un petit sortilége qu'il allait accomplir dans un village du voisinage.

M. Duval accepta sans hésiter, bien convaincu qu'il retirerait un enseignement utile et pratique de cette petite excursion.

Voici le fait tel que me l'a raconté mon mari. Je le laisse parler lui-même.

« Une vache ne voulait se laisser traire que par sa maîtresse, qui seule opérait la mulsion sur toutes les vaches de la ferme, si bien que lorsque la fermière allait au marché, la vache obstinée retenait son lait, et son mari, qui la remplaçait dans cette besogne, ne pouvait extraire la plus petite partie du lait de cette bête; le fermier voulait vendre cette vache, la femme tenait à la garder parce que c'était une bonne laitière. Un habitant du hameau avait eu une vache affectée du même défaut, incorrigible à ses yeux; bref, la discorde régnait dans le ménage, l'on convint de prendre l'avis du vieux Charlot.

» J'avais souvent entendu parler de la répulsion de certaines vaches de se laisser traire par le premier venu ; plusieurs fois j'ai vu vendre des vaches pour ce défaut apparent, et je plaignais les gens qui en devenaient acquéreurs, aussi accompagnai-je le père Charlot avec un vif intérêt de curiosité.

» Arrivés à la ferme, nous fûmes visiter la bête rebelle à laquelle on avait à dessein laissé son lait ; la présence du fermier l'irritait tellement qu'elle tirait sur sa corde de manière à la briser ; elle baissait son museau sur la litière, comme un animal de l'espèce bovine se mettant sur la défensive ; sa respiration était haletante, enfin tout annonçait une grande colère. Le fermier était un homme brutal, il convenait qu'il avait maltraité cette vache et qu'il la détestait souverainement ; la cure devenait à nos yeux des plus concluantes, si le père Charlot réussissait à mettre d'accord le bipède et le quadrupède, aussi rancuniers l'un que l'autre. « Le cas est grave, disait le vieux bouvier, mais je ne doute nullement du résultat, si le fermier suit ponctuellement mes instructions. »

» Il y avait douze vaches dans l'étable ; on fit sortir celles qui occupaient les stalles placées à gauche et à droite de celle où était attachée la vache rebelle, afin de pouvoir en approcher sans danger ; on ferma les portes et nous fûmes, le bouvier et moi, nous asseoir dans un coin, tandis que le fermier se promenait d'une vache à l'autre, qu'il les caressait, en leur parlant doucement et en leur donnant à chacune quelques grains de sel de cuisine placés dans le creux de sa main. La vache rebelle suivit d'abord avec curiosité les mouvements de ses compagnes et ceux du fermier ; chaque fois qu'il passait derrière elle pour porter du sel à sa voisine et la flatter, il était facile de voir que sa colère diminuait peu à peu.

» Enfin, après une demi-heure de ce manége, le fermier vint se placer le dos contre la crèche d'une des stalles vides, il prit du sel dans les deux mains et tendit lentement les deux bras, de manière à ce que la vache rebelle ne pût y toucher et que sa voisine pût au contraire y atteindre ; dans cette position, il attendit que la bête fît un mouvement vers lui, ce qui ne tarda pas à avoir lieu ; elle cherchait à flairer ce que contenait cette main qui, peu à peu et avec le moins de mouvement possible, s'approchait de son museau, et bientôt elle pouvait s'emparer de ce qu'elle contenait ; puis, le fermier, approchant ses deux mains l'une de l'autre, offrait à la vache rebelle une plus grande quantité de sel ; alors une de ses mains se séparait lentement de l'autre et venait caresser la bête ; en même temps son maître la flattait de sa voix, restée rude malgré toute la bonne volonté qu'il y apportait. Après avoir fait en tous points dans l'autre stalle vide les mêmes exercices et avoir obtenu un résultat identique, le fermier entra dans la stalle occupée par la vache rebelle, qui s'approcha de lui avec une gourmandise bien marquée. Il lui donna du sel, lui parla, la caressa de nouveau, et la bête se laissa traire jusqu'à la dernière goute. Avant de la quitter, il lui donna encore quelques grains de sel. Depuis cette époque, elle se laisse approcher par lui et traire sans aucune résistance. »

Voilà ce que M. Duval a vu, de ses yeux vu, et cela vous prouve que la bonté et la douceur ont autant de pouvoir sur les animaux que sur nous-mêmes ; le bon

Dieu y a attaché une si grande puissance que leur ascendant s'étend jusqu'à la brute même.

III. — PORCHERIE. — CLAPIER. — VIVIER.

Madame Duval. Ce sont d'ordinaire les hommes qui se chargent des soins à donner aux chevaux, aux bœufs et aux moutons, aussi ne vous en parlé-je point ici. Je me borne à vous renvoyer à l'excellent livre que vous connaissez toutes : *Monsieur Lesage.*

Les porcs passent pour être moins sociables et plus malpropres que les autres animaux domestiques. Ils ont de plus une réputation de gourmandise qui fait de leur nom le synonyme de voracité insatiable et gloutonne.

Je dois avouer qu'élevée dans ce préjugé j'ai longtemps eu très-peu de sympathie pour eux et partant peu de soins.

Or, le cochon qui est très-peu vêtu est très-frileux. De plus, par son aptitude même à engraisser il est gros mangeur. Il en résulte que faute de litière suffisante, il se vautre dans tout ce qui peut le mettre à l'abri du froid, et que mal et irrégulièrement nourri, il se précipite sur tous les aliments qui s'offrent à sa vue. Mais qu'il soit proprement tenu et qu'il ait ses repas à heures fixes et en quantité suffisante, et vous verrez tout à coup s'opérer une transformation complète.

Il y a quelques années seulement que j'ai fait cette expérience, et je la dois ainsi qu'une foule d'autres connaissances rurales à une servante brabançonne que j'ai gardée quelques années et qui a été une véritable providence pour la ferme.

Douce, vaillante et joyeuse, elle m'a appris l'importance de l'activité, de la bonté pour les animaux et d'une minutieuse propreté.

C'est à elle que je dois l'arrangement de mes loges à porcs et le bon ordre qui y règne. C'est d'elle que je tiens l'habitude de les laver à grande eau plusieurs fois par semaine et d'en renouveler la litière tous les jours. Aussi n'ont-elles pas plus d'odeur que les autres étables.

Et les bêtes elles-mêmes, comme elles sont propres et brillantes, et point sauvages ni sournoises, faut voir....

Mais vous allez en juger par vous-mêmes, les voici qui rentrent.

Les troupeaux en effet envahissaient en ce moment la grande cour et les porcs aux longues soies propres et brillantes ne ressemblaient en rien à ces sales et immondes animaux que les enfants étaient accoutumées à voir errer dans les rues du village.

Les servantes de ferme arrivèrent avec de grands seaux pleins d'un mélange de son, d'herbage, de pommes de terre et d'eaux grasses qu'elles vidèrent dans de grandes auges de bois placées devant les loges, et les enfants s'émerveillèrent de voir les bonnes bêtes se ranger autour en bon ordre et sans ces grognements menaçants et querelleurs auxquels elles s'attendaient.

Madame Duval n'eut pas besoin de leur faire remarquer l'immense ascendant de la compassion et des bons traitements sur toute créature. Elles-mêmes se récrièrent à ce sujet.

Madame Duval. Il est encore dans la basse-cour et à peu de frais un moyen d'augmenter les ressources du ménage et la variété des mets : c'est le clapier.

Madeleine. Qu'est-ce que cela, le clapier?

Madame Duval. Le logis et l'éducation des lapins domestiques, éducation qui ne coûte pas très-cher, n'offre aucune difficulté et peut être entreprise dans toutes les maisons de ferme. Car à défaut de loge en maçonnerie ou en bois, on peut se servir tout simplement d'un vieux coffre ou d'une caisse au fond de laquelle on met un peu de litière de paille, et que l'on recouvre de quelques planches assez écartées l'une de l'autre pour que l'air puisse circuler à travers et se renouveler librement.

La seule précaution à prendre est de changer souvent la litière afin que la caisse n'ait jamais ni humidité ni exhalaisons infectes.

« Pendant l'été, ces caisses doivent être placées dans un lieu aéré, assez souvent dans une grange, ou au dehors sous un hangar; en hiver, on les rentre dans l'habitation ou dans les étables tièdes, attendu que les lapins souffrent du froid plus qu'on ne se l'imagine communément. »

Le lapin des Flandres est le plus avantageux comme espèce en ce qu'il devient très-gros et qu'il est plus apte que tout autre à l'engraissement. Il arrive à peser de dix à quinze kilogrammes.

Jusqu'à l'âge de quatre à cinq mois, on le nourrit au meilleur marché possible. Mais alors on pense à l'engraissement et voici comment les ménagères flamandes s'y prennent.

« Elles se procurent un morceau de planche tout juste assez large et assez long pour que le lapin puisse tenir dessus avec sa nourriture. On fixe ce morceau de planche contre un mur, à un mètre à peu près de hauteur, et l'on y place l'animal, qui reste là sans bouger, pour ainsi dire, tant il a peur de perdre l'équilibre. Trois fois par jour, et à des heures fixes, on lui donne du pain de seigle avec du lait le matin, deux poignées d'avoine sèche, l'une vers midi, l'autre vers le soir, et enfin du trèfle sec, quand il est du goût du lapin. La bête mange et ne remue pas, et c'est à cause de son immobilité qu'elle engraisse aussi promptement. »

MADELEINE. Oh ! montrez-nous ça, madame Duval ; je vous en prie ; ça doit être si curieux, si amusant.

MADAME DUVAL. Dieu me garde mes enfants, d'employer des procédés aussi barbares ; bien loin d'avoir en vue de vous y engager, je ne vous en ai parlé que pour vous prémunir contre les recettes qui ont comme celle-ci l'égoïsme et la cruauté pour base.

Mais passons : il ne me reste plus à vous montrer aujourd'hui que mon vivier.

Et madame Duval, en parlant ainsi, montrait aux enfants une espèce de réservoir carré où coulait une eau limpide et claire. A chaque extrémité une sorte de claire-voie à barreaux serrés, laissait d'un côté entrer et de l'autre sortir l'eau, qui ainsi se renouvelait sans cesse.

En regardant attentivement on voyait des poissons jouer au fond de l'eau et de temps à autre un d'eux, plus familier ou plus courageux, venait par un bond rapide se montrer à la surface.

Madame Duval. Pour peu que vous puissiez disposer d'une eau courante, utilisez-la mes enfants. Le poisson est d'une immense ressource à la campagne, et il ne coûte rien. Ainsi, j'ai mis ici il y a bien des années des anguilles, des carpes et des tanches; je les ai parquées, comme vous voyez, pour les empêcher de s'enfuir et elles se sont reproduites d'elles-mêmes.

Il suffit, tous les deux ou trois ans, de vider le vivier au moyen d'écluses, de le nettoyer et tout est dit. A moins cependant qu'on ne puisse disposer de nourriture sans valeur : sang caillé, basses viandes, grains inférieurs, bribes de pain, auquel cas on le leur jette, ce qui les fait grossir à vue d'œil.

Et maintenant, fillettes, que nous venons de passer en revue de si nombreux et beaux produits, c'est bien le moins que vous puissiez juger de leur valeur réelle. Retournons donc aux étables; la traite des vaches doit y être assez avancée pour vous fournir à chacune une écuellée de lait.

Les enfants, joyeuses, suivirent madame Duval, et bientôt après, assises sur les bancs de pierre qui garnissaient la façade des étables, elles partageaient leur attention entre le lait écumeux dans lequel elles trempaient un appétissant morceau de pain de ménage, et les servantes qui, assises sur leur sellette, faisaient jaillir de leurs doigts agiles la blanche liqueur.

HUITIÈME VISITE A LA FERME

I. — LE JARDIN DE LA FERME. — LE POTAGER

Je vous attends avec impatience, s'écria le jeudi suivant madame Duval, du plus loin qu'elle aperçut les enfants ; je veux vous faire les honneurs de mon jardin, et nous n'avons point trop de tout l'après-midi pour le visiter en détail, d'autant que j'ai quelques travaux pressants à y faire et que j'ai compté sur vous pour m'aider.

Les enfants battirent des mains et sautèrent de joie. Rien n'enchante autant la jeunesse que l'espoir de se rendre utile, et l'occasion de se montrer bonne à quelque chose. C'est tout à la fois un sentiment du cœur et une question d'amour-propre.

— Je ne croyais point, madame, que le travail de la terre fût l'affaire des femmes, surtout dans une riche ferme comme la vôtre, disaient, tout en marchant vers le jardin, les enfants à leur digne hôtesse.

Madame Duval. Et vous aviez raison, fillettes, en ce qui concerne les grosses cultures, mais, pour le jardin, voyez-vous, c'est autre chose.

Et cependant on ne vit pas rien que de pain et de viande, mais de légumes aussi.

Ce que nous dépensons en légumes, nous l'économisons d'autre part.

Le potager est donc indispensable à la ferme.

Malheureusement quand on en parle aux hommes, ils n'entendent point raison, tout simplement parce qu'ils n'en comprennent pas l'importance, ou qu'ils ont de plus grandes affaires en tête. D'un autre côté, les bons jardiniers ne sont pas communs, et se font payer si cher qu'il n'y faut pas songer ; ce qui a fait dire à Mathieu de Dombasle :

« Je ne connais qu'un moyen pour la culture économique d'un jardin dans une ferme, c'est que la fermière en prenne elle-même la direction... Personne mieux qu'elle ne connaît les besoins du ménage en légumes divers, et pour chaque saison de l'année, en sorte que personne n'est plus à portée qu'elle de diriger les cultures de manière à s'assurer un approvisionnement constant.

« Aussi, si l'on rencontre une ferme qui se fait distinguer par un jardin potager plus étendu et plus soigné que les autres, que l'on prenne des informations, et l'on reconnaîtra toujours que c'est la ménagère qui en dirige la culture. A toutes celles qui voudront prendre ce soin, ajoutait Mathieu de Dombasle, je promets la plus agréable distraction à leurs travaux intérieurs, et une source de bien-être pour le ménage et de jouissances pour elles-mêmes, qui feront bientôt pour elles, de la culture du jardin, l'occupation la plus douce et la plus attrayante. »

Ces paroles, que je n'ai point toujours connues, ont un grand fond de vérité, mes enfants. L'expérience me l'a prouvé et me le prouve tous les jours.

Les premières années de mon mariage nous n'avions point de jardin, et la pensée qu'il fût possible d'en faire un ne me serait peut-être jamais venue sans l'aventure suivante :

Un jour, mon mari et moi nous revenions du marché, tous deux dans notre carriole, ayant à nos pieds un grand sac tout bourré de choux, d'oignons, de poireaux, etc...

Sur le chemin, nous rencontrâmes l'instituteur d'une des communes voisines, qui s'en revenait à pied et semblait très-fatigué. M. Duval me demanda si je ne pensais point qu'en se pressant un peu on pût tenir trois sur la banquette de la carriole. Je compris son idée, et j'offris à M. X... une place à côté de nous.

Il accepta et, chemin faisant, il nous demanda ce que contenait le gros sac aux légumes, et quand je le lui eus dit :

— Grand Dieu ! s'écria-t-il, avez-vous envie de vous faire marchande de légumes ?

— C'est pour la maison, lui répondis-je, nous avons de rudes gaillards à rassasier, et la vie est si chère qu'il faut absolument consommer des légumes.

— Eh ! c'est justement parce que la vie est chère que vous êtes — permettez-moi de vous le dire — bien coupable d'aller à la ville échanger votre blé contre des légumes, tandis qu'il vous serait si facile d'en avoir chez vous qui ne vous coûteraient quasiment rien.

M. Duval se récria. M. X. reprit :

— Écoutez mon raisonnement et jugez vous-même !
N'avez-vous point à côté de votre maison un excellent
terrain dans lequel vous déposez quelques fagots,
quelques perches, quelques bottes de paille, un terrain
qui ne vous rapporte presque rien ; que n'en faites-
vous donc un bon jardin ? — Je le sais, vous prétendez,
vous, cultivateurs, que le temps que vous consacreriez
au jardinage serait perdu. C'est une erreur, car l'établissement et l'entretien d'un jardin vous coûteraient
peu. En effet, vous possédez le terrain et le fumier ;
les gros travaux, vous les feriez vous-même dans vos
instants de loisir ; votre femme et vos enfants s'occu-
peraient des menues cultures et des arrosages.
En retour, vous auriez, chaque jour, des légumes
de toutes les saisons pour nourrir vous et votre
famille ; sans compter ces bons fruits que vous
pourriez récolter et vendre à beaux deniers comptants.
Vous jouiriez en outre du plaisir de voir pousser une
multitude de plantes que vous cultiveriez par vos
mains ; vous vous délasseriez de vos travaux champê-
tres à l'ombre d'un joli berceau de chasselas. Si les
cultivateurs créaient des jardins plantés de beaux arbres fruitiers, comme on en rencontre dans le voisinage des villes, ils s'assureraient une grande variété
de substances alimentaires, ils en économiseraient
d'autres qu'ils pourraient vendre, et ils changeraient
bientôt l'aspect de leurs habitations et de leurs villages.

— Ce raisonnement me frappa et je résolus de le
mettre à profit. Je fis débarrasser le terrain improduc-
tif ; j'obtins de mon mari non-seulement que nos

hommes le défricheraient, mais encore qu'ils se chargeraient, chaque année, de le bêcher avant l'hiver et d'y transporter les engrais.

De mon côté je m'engageai à le cultiver dans mes heures de loisir.

Ce qui fut dit fut fait. Et vous voyez, mes enfants, comme il a prospéré.

En effet, l'ordre le plus parfait régnait dans le potager dont les enfants admiraient en ce moment l'agréable symétrie et la plantureuse végétation.

— Une difficulté faillit cependant tout mettre en question, poursuivit madame Duval. Quand je demandai du fumier, on m'envoya aux calendes grecques.

— Du fumier? on avait vraiment une bien autre destination à lui donner que de l'employer à faire pousser des choux et du persil.

J'étais sur le point de me décourager, quand un livre bien précieux me tomba sous la main et m'apporta les conseils suivants :

« Les hommes sont avares de fumier, car ils n'en ont jamais assez pour leurs champs. Mais que ceci ne vous arrête point, il y a moyen de sortir d'embarras. Vous vous procurerez à très-bas prix trois ou quatre futailles moisies et de rebut, de celles qui ne conviennent plus que pour être démolies et mises au feu ; vous les ferez cercler solidement avec du fer par le maréchal de l'endroit, après les avoir défoncées par un bout. Après cela, vous ferez enterrer l'une de ces futailles au fond de l'étable aux vaches, et vous arrangerez de façon qu'une rigole en pente douce y conduise les eaux qui se perdent et qui font mare sous la litière.

Vous placerez une seconde futaille en lieu couvert, et vous y jetterez chaque semaine la colombine de la volaille. Vous garderez la troisième pour le jardin, et, dès la sortie de l'hiver, vous y mettrez quelques fourchées de long fumier qu'on n'osera pas vous refuser, des chiffons de laine qui ne manquent jamais et un peu de cendres de bois. Vous remplirez ainsi cette futaille à moitié et la recouvrirez d'eau jusqu'en haut; puis, au bout d'une quinzaine de jours, vous remuerez le tout, et vous aurez encore un riche engrais liquide que les jardiniers de Paris appellent leur *bouillon*.

» Vous ne vous en tiendrez pas là ; vous ramasserez, à temps perdu, les boues de la cour et de la rue, les balayures de la maison, les fruits pourris, les feuilles pourries, les déchets de légumes qui seront de trop mauvaise qualité pour les bêtes ; vous ferez de tout cela un tas et vous l'arroserez avec l'eau de fumier qui se perd, avec l'eau de l'évier qui se gâte sous les fenêtres, avec l'eau de savon et de lessive enfin, dont on fait si peu de cas, et, de cette façon, au bout de quelques mois seulement, et presque sans peine, vous aurez plus d'engrais à répandre sur votre potager que n'en ont les hommes pour leurs champs.

» Ce principal obstacle levé, vous vous procurerez une bêche, une serfouette, une petite ratissoire à pousser, un arrosoir, un plantoir, un cordeau et un râteau. Ce petit outillage suffira et ne coûtera pas plus d'une dizaine de francs. »

Je suivis ces instructions de point en point et je vous les livre à mon tour, afin qu'un jour vous en fassiez également votre profit.

L'arrosage est une des opérations les plus importantes du jardinage, et il n'y faut pas regretter ses bras. La peine d'ailleurs que l'on y prend est plus que compensée par le résultat que l'on obtient, surtout si, comme moi, mes enfants, vous pouvez disposer votre jardin de manière à ce qu'il se trouve bordé à une de ses extrémités par de l'eau courante.

Encore ne me suis-je point borné là. Comme vous le voyez, j'ai fait pratiquer deux bassins dans lesquels l'eau arrive par des conduits qui longent les allées; je n'ai donc qu'à me courber pour remplir mon arrosoir.

L'an prochain je ferai mieux encore, car je compte me faire acheter pour mes étrennes par M. Duval une petite pompe à arroser. Ce n'est point une grande dépense, et au moyen de conduits on fait aller dans toutes les directions, sans peines et sans fatigues; l'eau qui retombe en pluie et s'élève jusqu'aux branches, auxquelles elle fait grand bien.

MADELEINE. On voit bien que vous êtes riche, madame, et que les travailleurs ne vous font point faute. Chez nous, ma mère a eu aussi fantaisie d'avoir un jardin; mais elle a été obligée de l'abandonner, elle ne pouvait point suffire à le tenir propre; les mauvaises herbes dévoraient tout.

MADAME CAMILLE. Ce sont en effet les mauvaises herbes qui d'ordinaire rebutent la ménagère; « elle se lasse vite à sarcler et finit par laisser aller les choses à l'aventure. Je me l'explique, et c'est pourquoi je vous recommande de ne rien semer à la volée et de mettre en lignes, plantes et graines. C'est le seul moyen de se soustraire aux sarclages difficiles et coûteux. Chaque fois que l'on a à faire un semis ou un repiquage, on commence par tendre fortement le cordeau sur la planche, puis avec la pointe du plantoir, dans les terres fortes, on ouvre les rayons en suivant le cordeau ; ou bien encore, ce qui vaut mieux, on prend une perche bien droite, on l'étend le long du cordeau, et, en frappant dessus, on ouvre des rayons convenablement tassés au fond et sur les côtés. On y met les graines, et on recouvre très-légèrement les petites et un peu plus les grosses. Mais avant d'en venir à cette opération, on aura soin de faire donner un second coup de bêche au potager, aussitôt après l'hiver, et de laisser en repos les terres labourées, pendant huit ou dix jours dans les terrains consistants, pendant plusieurs semaines dans les terrains légers. Ceci est de rigueur ; on ne doit jamais semer sur un sol fraîchement labouré.

« Avec la culture en lignes, une femme peut, sans l'aide de personne, entretenir son jardin constamment propre, et ce travail ne demande pas plus d'une heure par jour pendant quatre ou cinq mois de l'année. Avec les semis à la volée, elle ne suffirait pas à la besogne ; il lui faudrait recourir à la main-d'œuvre des sarcleuses, main-d'œuvre qui coûte cher et manque assez souvent. »

Dans un potager ainsi cultivé, une femme fait en deux heures plus que deux et trois sarcleuses en une journée, et la besogne est meilleure.

Marie. Je ne comprends point comment cela se peut faire.

Madame Duval. Dès qu'on voit pousser les herbes entre les lignes, vite on prend la ratissoire à pousser, un petit outil qui ne pèse guère et se manie aisément, et en poussant devant soi on pèle, pour ainsi dire, le sol, qui se trouve en un clin d'œil lisse et propre,

On renouvelle cette opération aussi souvent que besoin est; selon les saisons, tous les huit et quinze jours, et il ne reste qu'à sarcler sur les lignes mêmes ce qui n'est ni long ni fatigant.

Madeleine. S'il vous plaît, madame, qu'est-ce que c'est que ces espèces de caisses, enterrées dans le sol et recouvertes quasiment d'une fenêtre ôtée de son châssis.

Madame Duval. Ce sont des *couches*, mon enfant, et ce vitrage s'appelle *châssis*.

La couche est un moyen d'activer la végétation des plantes; quand elle est formée de fumier chaud alternant avec de la terre, elle s'appelle *couche chaude* et *couche tiède* quand elle est composée de terreau. On dit encore *couches en plein air* de celles qui n'ont pas de châssis, et *couches fermées* celles qui en ont un.

On appelle *cloches* ces machines en verre que vous voyez là-bas sur les melons, et *verrines* des cloches formées de plusieurs pièces.

Les cloches servent à concentrer sur les plantes délicates la chaleur de la couche et les rayons du soleil, à les préserver des pluies battantes et du froid, sans les priver de la salutaire, ou plutôt de l'indispensable action de la lumière.

Les paillassons jouent aussi un grand rôle dans le

bon succès du jardinage, et comme on les fabrique avec des poignées de paille de seigle réunies les unes aux autres, au moyen de ficelles et même de liens d'osier, une ménagère n'est pas excusable de n'en point avoir provision. C'est là une occupation excellente à donner aux hommes de la ferme pendant les longues veillées d'hiver.

Les paillassons s'emploient pour garantir les semis et les arbres fruitiers pendant les nuits froides, voire à les préserver pendant la journée contre le vent du nord.

Mais en voici assez pour vous montrer l'importance d'avoir à la campagne sa provision de légumes dans son jardin, et la facilité, pour une femme un peu intelligente, d'y parvenir presque sans aide étrangère.

Je ne saurais, sans vous tenir trop longtemps, aller au delà. Le reste, vous l'apprendrez au fur et à mesure des besoins.

Madame Camille. Je crois, ma mère, que vous pourriez cependant ajouter quelques mots sur les différentes manières de semer et de planter.

Madame Duval. C'est juste, et je pensais l'avoir fait.

Vous saurez donc que plus les graines sont fines, moins elles doivent être semées profondément; plus elles sont grosses, au contraire, plus la couche de terre qui les recouvre doit être épaisse.

Vous saurez encore qu'on ne doit semer que des graines mûres et bien nourries.

On appelle *semer sur place* semer sur les terrains que les plantes doivent occuper jusqu'à leur maturité.

Semer pour repiquer, c'est semer dans un endroit d'où les plantes seront arrachées pour être replantées dans une autre partie du jardin; moyennant une opération qu'on appelle *repiquage*.

Le *repiquage* demande certaines précautions; il faut arracher le plan sans en blesser les racines; on rogne ensuite légèrement ce qu'on appelle le chevelu et on repique dans un terrain bien préparé.

On doit choisir pour le repiquage un temps doux et couvert, et on a soin d'arroser dès la plantation faite.

Pour le coup, mes enfants, nous avons fini. Il ne me reste plus qu'à vous parler du petit service que j'attends de vous.

Les Enfants ensemble. Dites, s'il vous plaît. Dites bien vite, madame.

Madame Duval. N'ayant pu faire des confitures de fraises au commencement de l'été, j'ai bien soigné mes fraisiers afin d'avoir une seconde récolte bien abondante. Et en effet il y en a en masse à cueillir. Voilà votre besogne, fillettes, et ce n'est point peu de chose, car après les avoir ramassées il faudra les éplucher, et ensuite... en manger une bonne pleine jatte.

Les enfants s'éparpillèrent dans le jardin où nous les laisserons travailler et jaser à l'aise, sans que mesdames Camille et Duval aient à se mettre en peine de les surveiller, tant elles sont sûres qu'elles ne toucheront à rien, n'abîmeront rien, car elles savent, les chères petites, que la discrétion est une des premières lois de la politesse et une des vertus sociales les plus essentielles.

II. — LE PARTERRE.

La cueillette achevée — et elle était abondante, — on se disposa à porter les paniers à la ferme pour éplucher les fraises.

Cependant, avant de quitter le jardin, madame Camille fit observer aux enfants que l'utile seul n'y prenait point toute la place; mais que l'agréable s'y trouvait aussi. Et elle ajouta :

MADAME CAMILLE. Ma mère, comme vous le voyez, ne cultive pas exclusivement des légumes. Elle enrichit ses plates-bandes d'arbres en buisson, en quenouille et en contre-espalier qui lui donnent en abondance des fruits magnifiques. — Ceci, il est vrai, est encore de l'utile, — mais voici le luxe : — Ce sont ces jolies fleurs qui s'étalent de toutes parts entre les bordures et les contre-bordures des plates-bandes et aux angles des carrés. Les fleurs servent ainsi de cadre aux légumes, et elles sont l'ornement indispensable du potager.

« Un jardin sans fleurs — dit l'auteur des *Conseils à la jeune fermière* — c'est un appartement sans meubles.

» Elles donnent la vie, elles égayent l'œil, elles embaument l'air; malheureusement, celles que nous cultivons de temps immémorial ne sont point assez variées. Elles sont fort jolies sans doute ; mais il y en a d'autres, et par centaines, qui sont inconnues dans nos campagnes et que je voudrais voir en compagnie des anciennes.

» Quant aux dispositions, il y aurait souvent à redire ; nous plantons ou semons un peu au hasard, tandis que nous pourrions semer et planter avec goût, en lignes, par touffes isolées ou en corbeilles de diverses formes, plaçant les petites fleurs au premier plan, les moyennes au second, et les fleurs élevées au dernier plan, mariant les couleurs et combinant les semis d'après les diverses époques de la floraison. »

Parmi les arbustes à fleurs les plus répandus, je vous recommande :

Le *chèvrefeuille*, qu'on peut cultiver en espalier et en berceau, et qui donne des fleurs odorantes ;

Le *lilas*, dont les fleurs sont printanières ;

Le *seringat*, qui se couvre de fleurs blanches d'une odeur forte et agréable.

Ces trois arbustes se reproduisent par leurs rejetons.

Le *jasmin*, qui produit en abondance de belles fleurs. Il se reproduit de boutures.

Le *pin*, arbre toujours vert et de forme conique, que l'on met aux angles des carrés de fleurs ou au milieu de grands massifs ; il se reproduit de semis.

Le *genêt d'Espagne*, qui se multiple de semis.

La *rose*, dont les variétés sont considérables ; c'est un des plus beaux arbustes. Il y a des rosiers de toutes les saisons ; on les appelle *remontants*. On écussonne le rosier sur *églantier*; on le multiplie aussi de rejetons et de boutures.

Voici quelques-unes des plantes vivaces les plus faciles à cultiver.

La *violette*, la *primevère*, la *couronne impériale*, le *narcisse* des poëtes, la *pivoine*, la *corbeille d'or*, le *muguet*, la *valériane*, le *muflier* ou *gueule de lion*, le *lis*, l'*œillet de poëte*, la *croix de Jérusalem*, la *campanule*, l'*hémérocale*, les *dahlias*, les *chrysanthèmes*, le *phlox*, les *pensées*.

Parmi les fleurs annuelles — qui se sèment et périssent chaque année — les plus convenables à un jardin de ferme, — je donne la préférence à la *mauve*, la *balsamine*, la *reine-marguerite*, les *giroflées*, le *réséda*, le *pois de senteur*, le *haricot d'Espagne*, la *belle de nuit*, et le *pied d'alouette*.

Les enfants avaient hâte de quitter le jardin, et malgré le charme du sujet par lui-même, elles n'écoutaient, comme on dit vulgairement, ces explications que d'une oreille.

Madame Duval qui s'en aperçut abrégea la conversation.

— J'avais, leur dit-elle, intention de vous entretenir aujourd'hui des abeilles et de vous montrer mon rucher. Mais ne faisons point attendre plus longtemps les fraises, ce sera pour une autre fois.

Les Enfants. — Pour jeudi prochain, n'est-ce pas madame.

Madame Camille. — Pour jeudi prochain, soit, à condition cependant que je sois contente de vous.

NEUVIÈME VISITE A LA FERME

LE RUCHER.

Pendant la semaine qui venait de s'écouler, madame Duval, après avoir fait sa confiture de fraises et l'avoir laissée bien refroidir, avait couvert ses pots, non point avec du papier comme le font la plupart des ménagères, mais avec des ronds de verre posés à plat et fixés sur chaque pot par une bande de papier collé, de manière à pouvoir surveiller sa provision sans découvrir les pots et y laisser pénétrer l'air.

Puis elle les avait rangés dans le garde-manger, mais non sans en avoir réservé un ; pour faire apprécier aux enfants sa saveur, fallait-il encore leur donner à goûter le produit de leur propre travail ?

La confiture était merveilleusement bonne, et nos fillettes la trouvèrent plus excellente encore quand elles surent que la ferme avait fourni tous les éléments qui la composaient.

Madame Duval, en effet, ne se servait jamais de sucre pour ses confitures. Elle employait le miel de ses ruches.

— La confiture au miel est meilleure, plus délicate que celle au sucre, assurait-elle, et surtout plus saine.

De plus, c'est une économie ; elle permet d'en faire en plus grande quantité et d'améliorer la nourriture en hiver en ne s'en montrant point avare.

— Je ne croyais pas, dit une enfant, que le miel s'employât à autre chose qu'à manger sur le pain.

MADAME CAMILLE. Le miel, au contraire, est bon à une foule d'usages. Avant l'importation en Europe de la canne à sucre, il était, pour le riche aussi bien que pour le pauvre, la seule matière sucrée qu'on employât en conserves, distillerie, cuisine, pharmacie, etc., et de nos jours il est resté un des objets les plus utiles de consommation alimentaire. Pour preuve, c'est que, malgré le nombre prodigieux d'abeilles que l'on élève en France, son prix se soutient et qu'il n'en vient jamais trop sur nos marchés.

Il est, chez les droguistes, la base d'un grand nombre de préparations, et notamment pour l'art vétérinaire. Il s'emploie en aliments et en boissons ; il entre dans la confection de ces excellents gâteaux connus sous le nom de pain d'épice, nonnettes, pains-mahons, etc., sans compter qu'on en fait une boisson fermentée, nommée hydromel, qui remplace avantageusement la bière et le cidre dans les pays qui n'ont pas de vignobles.

MADELEINE. C'est donc un insecte bien utile que l'abeille ?

MADAME CAMILLE. D'autant plus utile que c'est encore lui qui fournit la cire, objet de première nécessité, et qu'un rucher, après avoir coûté très-peu de chose à installer, ne coûte rien à entretenir : il s'augmente de lui-même.

Marie. Je croyais qu'il fallait nourrir les abeilles pendant l'hiver.

Madame Camille. C'est-à-dire qu'on leur rend au printemps un peu du miel qu'on leur a enlevé à l'automne. Et encore n'est-ce qu'après les longs hivers, car il arrive souvent, au contraire, qu'il leur en reste qu'on leur prend derechef à la fin de la mauvaise saison, ce qui fait deux récoltes en un an.

Les mœurs des abeilles sont fort curieuses et très-instructives. Je ne vous en parlerai point ici; il me suffit de vous renvoyer aux intéressants et très-complets détails donnés sur ce sujet par M. Lesage [1].

Tout en parlant, madame Camille avait conduit les enfants au jardin; elle les fit approcher du rucher, après leur avoir recommandé de ne point crier ni faire de brusques mouvements, et surtout, si quelque abeille venait se poser sur elles, de ne la point chasser.

Marie. Mais si elle nous pique?

Madame Camille. Soyez sans crainte. L'abeille, qui perd son aiguillon en piquant, n'a garde d'attaquer; elle se borne à se défendre. Si donc vous ne l'effarouchez pas, elle est tout à fait inoffensive.

Il en est ainsi d'ailleurs de tous les animaux domestiques. Les mauvais traitements, ou tout au moins la rudesse de formes, peuvent seuls les rendre ombrageux et méchants. Aussi, quand je vois une bête rétive, mon premier mouvement est de la plaindre, ma première impression est un sentiment de blâme pour celui qui l'a élevée. Car, si le proverbe, qui assure que

1. *Entretiens d'un instituteur avec ses élèves, sur les animaux utiles.*

l'homme est ce que l'éducation le fait, est parfaitement vrai pour nous, il ne l'est pas moins pour les animaux.

D'ailleurs, si par accident vous étiez piquées, il n'y aurait pas à vous inquiéter : quelques gouttes, dans un peu d'eau, d'alcali volatil (ammoniaque), ou mieux encore d'acide phénique, — et ma mère en a toujours provision, — feraient disparaître à l'instant, non-seulement la douleur, mais l'enflure.

MADELEINE. J'ai cependant entendu dire que les abeilles pouvaient causer de très-grands malheurs.

MADAME CAMILLE. Oui, quand on les excite méchamment, quand on menace la sécurité de leurs ruches ou que l'on trouble leurs travaux. Dans ce dernier cas, et lorsqu'il s'agit de récolter le miel ou de faire quelque modification utile au panier, il y a certaines précautions à prendre, encore que les pauvres chères petites bêtes aient l'instinct de reconnaître ceux qui les soignent, ceux qui leur veulent du bien, et de supporter patiemment d'être contrariées par eux.

Mais lorsque les enfants s'amusent à les tourmenter, lorsque, par exemple, ainsi que je l'ai vu plus d'une fois, de méchants gamins vont agiter des bâtons dans les ruches, au risque de les renverser sur eux, les abeilles, si elles se défendent vigoureusement, ne sont-elles point dans leur droit? et leurs piqûres, quelque graves qu'elles soient, ne sont-elles point une juste punition de l'audacieuse malice de ces mauvais petits cœurs ?

J'ai lu quelque part cette belle pensée, et je voudrais pouvoir la graver dans toutes les mémoires : *Dieu a fait l'homme le roi, mais non le tyran de la création !...*

Vous régnez, mes enfants, vous régnez sur tous les animaux par votre intelligence, votre force morale ; ce privilége entraîne pour vous le devoir de régner aussi sur eux par la bonté et la compassion.

Créés pour vous donner leur lait, leur miel, leur laine, leur chair et leur sang même ; pour vous servir, comme le cheval, le bœuf et tant d'autres ; vous aimer, vous garder et au besoin vous défendre, comme le chien ; les animaux domestiques ont droit évidemment à vos soins et à votre affection ; mais ce n'est pas tout : votre bonté doit s'étendre à tous les êtres vivants, que vous ne pouvez jamais martyriser sans offenser Dieu et vous dégrader vous-mêmes, et qu'il ne vous est permis de détruire qu'en cas de nécessité ; car le Seigneur, qui s'est réservé à lui seul le droit de communiquer la vie, n'a pu abandonner sans restriction à l'homme le pouvoir de l'ôter à qui il l'a donnée.

Rien de plus facile que d'écraser une mouche ; mais la puissance du plus grand des monarques ne suffirait pas à la rendre à la vie. Méditez bien ces choses, et vous ne serez plus si promptes à détruire les œuvres de Dieu !

Mais revenons à nos abeilles. Pour terminer à leur sujet, je veux vous apprendre un gracieux chant destiné à l'enfance et dont elles sont le sujet.

Écoutez bien et chantez avec moi, sur l'air : *Au clair de la lune* :

Petites abeilles,
Vous me ravissez ;
Oh ! que de merveilles
Vous réunissez !
Dans la petitesse,
Votre agilité
Est jointe à l'adresse,
A l'utilité.

Vos petites ailes
Sont votre soutien ;
Vous cherchez par elles
Tout votre entretien ;
Petite cohorte,
Venez et sortez :
C'est Dieu qui vous porte
Lorsque vous volez.

Jamais fainéantes
Pendant la saison ;
Toujours voltigeantes
Pour votre moisson ;
Sans train, sans machine,
Et sans attirail,
Une main divine
Vous met au travail.

Belle république,
Ton gouvernement
Est tout pacifique,
Ah ! qu'il est charmant !
Les unes résident
Pour l'œuvre au dedans,
Les autres président
Au travail des champs.

Tout se fait dans l'ordre,
Sans confusion,
Jamais de désordre
Dans votre maison ;
Chacune s'accorde,
La paix est chez vous :
La triste discorde
N'est que parmi nous.

La reine fredonne
Et vous l'écoutez ;
Sitôt qu'elle ordonne,
Vous obéissez ;
Ah ! fais-je de même ?
Suis-je obéissant
A la loi suprême
Du Roi tout-puissant ?

Aimables abeilles,
Ce n'est pas pour vous,
Vos travaux, vos veilles,
Hélas ! sont pour nous ;
Sages ouvrières,
Un Dieu, par vos soins,
En mille manières
Veille à nos besoins.

Vous prenez l'essence
D'une belle fleur ;
Et par la puissance
Du divin Auteur
Vous savez réduire,
Selon vos instincts,
En miel et en cire
Vos petits butins.

(Auteur inconnu.)

II. — LES VERS A SOIE DE L'AILANTE

On rentra à la ferme pour la collation qui se composa de l'excellent miel des abeilles dont on venait d'admirer la petite colonie.

Madame Camille, qui avait la parole ce jour-là, reprit en ces termes :

— Je voudrais bien, mes enfants, vous entretenir aussi d'une nouvelle espèce d'animaux utiles dont l'éducation fixe en ce moment l'attention publique et paraît devoir ouvrir sous peu une nouvelle source de bien-être aux cultivateurs.

Je veux parler du ver à soie de l'ailante, destiné à populariser l'usage de la soie, et à ajouter une branche de plus à l'industrie agricole.

MADELEINE. Le ver à soie ne demande-t-il pas une température plus chaude que celle de nos contrées ?

MADAME CAMILLE. Celui du mûrier, oui, et c'est ce qui a toujours maintenu la soie si chère ; mais il s'agit ici d'un ver aussi productif, donnant une soie plus solide et plus forte, mais aussi belle et pouvant s'élever en plein air, sans tous ces aménagements des magnaneries qui nécessitent de grands frais et des soins assidus et coûteux.

Ce ver se nourrit de la feuille de l'ailante ou vernis du Japon, plante d'agrément jusqu'à ces dernières années, et devenue aujourd'hui d'un véritable produit. Il s'accommode aussi de la pimprenelle, plante potagère que vous connaissez toutes, et qui sert de condiment à la salade.

Voici, à ce sujet, une note curieuse adressée il y a quelques années à l'Académie des Sciences, par M. le maréchal Vaillant, un des plus zélés propagateurs de cette industrie nouvelle.

Le ver à soie de l'ailante comporte deux éducations, c'est-à-dire deux produits par an, pourvu, toutefois, que l'automne ne soit ni trop froid ni trop pluvieux. Aussi M. le maréchal est-il d'avis de faire la seconde éducation en chambre.

« Mes premiers vers d'ailante, deuxième éducation de 1862, dit-il, éclosent le 30 août. L'éclosion dure de huit à dix jours. Le 5 septembre, je mets quinze ou vingt vers, au moment où ils éclosent et n'ayant jamais touché à l'ailante, sur de la pimprenelle. Le 6 octobre ils étaient à toute leur grandeur ; ils ont commencé à faire des cocons avec des feuilles de pimprenelle, sans difficulté, sans embarras apparent. Quoique plus jeunes de cinq à six jours que les vers mis sur l'ailante, ils ont coconné un jour ou deux avant ceux-ci. La pimprenelle est bien plus commode pour l'éducation en chambre ; elle se flétrit beaucoup moins vite, les vers la mangent avec la plus grande avidité.

» Aujourd'hui, 23 octobre, l'éducation est terminée, tant sur l'ailante que sur la pimprenelle : elle a très-bien réussi. Je n'ai, pour ainsi dire, pas perdu un ver. L'an passé, sur plusieurs milliers de vers déposés en plein air sur mes ailantes (deuxième éducation), je n'ai pas eu un cocon ; le froid, la pluie, ont tout fait périr.

» Les vers nourris pendant un certain nombre de jours par la pimprenelle mangent l'ailante sans difficulté ; de même, les vers qui ont mangé de l'ailante mangent ensuite de la pimprenelle, puis se remettent au régime de l'ailante, comme on veut. »

La culture de l'ailante commence à se propager ; il est facile de s'en procurer du plant, et presque aussi aisé d'avoir de la graine de vers à soie. Je vous engage donc à user de toute votre influence pour aider à cette propagation, et si vous voulez plus de détails, je vous renvoie aux *Entretiens d'un instituteur avec ses élèves.*

DIXIÈME VISITE A LA FERME

I. — L'ESPRIT DE ROUTINE

A ces récits les enfants s'enthousiasmaient et, les petites imprudentes, elles eussent voulu presque que le malheur vînt mettre à l'épreuve leur bonne volonté, leur ardent désir de dévouement.

Et en voyant les fruits qu'il produisait, madame Camille se félicitait de leur avoir procuré cet enseignement pratique, d'autant qu'elle comptait sur elles pour combattre plus tard et détruire, si Dieu bénissait leurs efforts, cet esprit de routine systématique qui est la plaie vive de nos compagnes.

— Nos anciens faisaient ainsi, et ils ne s'en trouvaient pas plus mal.

Telle est la réponse que le paysan oppose invariablement aux observations qui lui sont faites, aux conseils qui lui sont donnés.

Certes la réponse ne saurait être plus raisonnable et plus juste s'il s'agissait de ces invariables principes de religion, de probité, d'amour de la famille, auxquels nos pères conformaient si scrupuleusement leur conduite, tandis que les générations actuelles les comptent, hélas! pour si peu.

— Nos mères faisaient ainsi !

Heureuse réponse, si ces mots s'appliquaient aux vertus de l'intérieur, à l'activité, la sobriété, la pureté de mœurs, la simplicité du costume, la modestie et la piété, en si grand honneur autrefois dans nos campagnes.

Mais pour tout cela, pour tout ce qui dit devoir, et par suite combat contre ses passions, victoire sur soi-même, on ne veut pas se souvenir, on ne veut pas savoir ce que faisaient les anciens ; on veut faire à sa guise, et Dieu sait ce qu'il en advient !

Tandis que s'agit-il d'un effort d'intelligence, d'un surcroît de travail, d'une heureuse innovation, vite on se retranche derrière l'exemple du passé, sans se demander ce qu'auraient fait les *anciens* si les découvertes modernes eussent été mises à leur disposition.

Eux qui, avec les faibles ressources qu'ils possédaient, ont fait tant et de si grandes choses ; eux à qui tout manquait, et qui, par leur laborieuse industrie suppléaient à tout, que diraient-ils si, rendus tout à coup à la vie et revenus parmi nous, ils voyaient leurs petits-neveux repousser obstinément les bienfaits matériels de cette civilisation, qu'eux-mêmes ont préparée par leurs labeurs ?

— Nos pères faisaient bien ! soyons pour leur souvenir pleins de respect et de reconnaissance, mais attachons-nous à faire mieux encore qu'ils ne faisaient. Nous le devons à leur mémoire, nous le devons à nous-mêmes, nous le devons aux générations à venir.

Telles étaient encore les considérations que madame

Camille s'appliquait à faire goûter à ses élèves, considérations un peu sérieuses, en apparence, mais parfaitement accessibles à une intelligence d'enfant, quand cette intelligence est éclairée et réglée par un bon cœur et dirigée avec une affectueuse et prudente sollicitude.

Ainsi, par exemple, parmi les élèves de madame Camille, les esprits les plus simples, les plus bornés même, comprenaient-ils ce langage et le mettaient-ils à profit.

Ces jeunes âmes s'ouvraient ainsi à tous les bons, à tous les généreux sentiments, et leur ardent désir de contribuer, dans la mesure de leurs forces, à l'amélioration de la société et au bonheur de la famille, les rendaient capables des plus grands efforts pour s'améliorer elles-mêmes.

Mises en garde contre le danger d'innovations imprudentes, elles étaient aussi éloignées de l'esprit d'engouement et de précipitation que de l'esprit de routine.

Elles savaient qu'il est bon, dans la jeunesse surtout, de se défier des suggestions de l'amour-propre, et, bien qu'évidemment supérieures à leurs mères par l'instruction qui leur était donnée, le mouvement d'indépendance qui eût pu résulter de cette supériorité était étouffé en elles par un profond sentiment de reconnaissance et de respect, ainsi que par la conviction que l'expérience, qui leur manquait complètement, suppléait et au-delà chez leurs mères à ce qu'elles mêmes pouvaient posséder de connaissances théoriques.

II. — Instinct de quelques animaux.

L'automne cependant était venu, et, avec l'automne, les journées courtes et brumeuses qui rendaient les visites à la ferme de plus en plus éloignées.

D'ailleurs la ferme elle-même n'avait plus autant de charmes, et les leçons de madame Duval n'y trouvaient plus matière à se produire.

Les fruits étaient cueillis et serrés, les provisions et les conserves avaient pris leur place sur les tablettes du garde-manger; les légumes étaient rangés dans la cave selon les méthodes indiquées plus haut; les feuilles jaunissaient sur les arbres et jonchaient les chemins; enfin les oiseaux faisaient silence et les haies n'abritaient plus, hélas! de fleurs parfumées.

Mais la nature par elle-même n'était pas sans grandeur et sans intérêt, et madame Camille ne laissait perdre aucun de ses enseignements.

Un jour, en voyant les fourmis s'agiter plus actives que jamais au soleil d'octobre, elle parlait à ces chères enfants de la grande leçon d'ordre, d'activité, de prévoyance que Dieu nous donne par l'instinct laborieux dont il a doué ce frêle petit insecte.

En voyant passer une volée d'oiseaux voyageurs, elle leur parlait une autre fois de l'admirable instinct qui dirige à travers les airs ces innombrables émigrations et marque le jour et l'heure du départ, avec non moins de précision que si un mathématicien habile avait parmi eux supputé et mesuré le cours des astres.

Et à cette occasion, mille souvenirs se présentant à son esprit, elle enrichissait ces jeunes intelligences d'une foule de notions curieuses, ayant toutes pour but de leur faire mieux admirer les œuvres de Dieu, les merveilles grandioses de la création, l'intelligence des animaux et le devoir pour l'homme de les bien traiter.

Une fois entre autres que la digne institutrice avait lu d'intéressants et remarquables détails sur le roi des animaux, l'aigle à tête blanche, un vautour, qu'elles virent planer sur leurs têtes en allant à la ferme, donna lieu à quelques mots sur les oiseaux de proie et au récit suivant :

« Aux approches de l'hiver, au moment où des milliers d'oiseaux fuient le Nord pour gagner les climats échauffés par le soleil, si vous laissez votre barque glisser au courant du Mississipi, jetez les yeux sur l'arbre dont le sommet dépasse sur l'un des bords toutes les autres cimes.

» L'aigle à tête blanche est là, perché sur le faîte de cet arbre ; son œil étincelant et terrible se promène sur cette vaste étendue. Souvent son regard s'arrête sur un point ; il observe, il écoute et recueille tous les bruits ; la course légère du daim qui effleure le feuillage n'échappe pas à son oreille.

» Sur le bord opposé, l'aigle femelle, perchée comme lui sur une cime élevée, fait également sentinelle.

» De moment en moment elle pousse un cri, comme pour soutenir sa vigilance.

» L'aigle y répond par le battement de ses ailes, en abaissant son cou qu'il promène à la ronde, et par un glapissement qui ressemble assez au rire d'un maniaque. Puis il s'arrête, et à son immobilité, à son silence, on le prendrait pour une statue.

» Les sarcelles, les poules d'eau, les outardes fuient par bataillons, emportées par le courant, proie que l'aigle dédaigne, car son attention est fixée ailleurs. Tout à coup un son sauvage et métallique se fait entendre au loin : c'est le chant du cygne.

» Un cri perçant de la femelle, qui l'a entendu la première, avertit le mâle. Celui-ci se redresse, tout son corps a frémi; il donne une secousse à son plumage : il va prendre son vol.

» Le cygne aux ailes de neige s'avance le cou tendu, l'œil aussi attentif que celui de son ennemi. Le mouvement de ses ailes a peine à soutenir la masse de son corps; ses pattes sont repliées sous lui pour faciliter son vol. Il approche, mais l'aigle a déjà marqué sa proie.

» A peine est-il près du redoutable couple, que l'aigle, plein d'ardeur guerrière, s'élance de sa retraite en poussant un cri plus terrible pour le cygne que ne le serait le coup de fusil d'un chasseur. Il fond avec la rapidité de l'éclair sur sa proie qui, dans l'agonie du désespoir, manœuvre pour éviter ses coups.

» Le cygne abaisse son col, décrit un demi-cercle et cherche à échapper à la mort en plongeant dans le fleuve. Mais l'aigle a prévu la ruse, il force le cygne à rester dans l'air en se tenant au-dessous de lui, en le menaçant de le frapper au ventre ou sous les ailes:

» Cette habile tactique ne manque jamais son but.

» Le cygne se lasse et perd de ses forces à mesure qu'il reconnaît la supériorité de son antagoniste. Celui-ci, qui craint encore de le voir tomber dans le fleuve, le harcèle, le frappe obliquement d'un coup de serre et oblige sa victime, épuisée et mourante, à tomber sur le rivage voisin. C'est alors qu'on peut voir, non sans effroi, le triomphe de ce terrible ennemi des races ailées.

» Il se précipite sur le cadavre de l'oiseau vaincu, il enfonce profondément ses serres d'airain dans son cœur, il bat des ailes, il hurle de joie et s'enivre des dernières convulsions du cygne mourant; ses yeux s'injectent de sang et s'enflamment d'orgueil.

» Sa femelle, qui a suivi ses mouvements, pleine de confiance dans le succès, vient alors le rejoindre; tous deux ils retournent le cygne, plongent leurs serres dans ses flancs et se gorgent du sang qui jaillit de sa poitrine palpitante. »

— Mais si les animaux se font ainsi la guerre, le devoir qui incombe à l'homme de les aimer et de les protéger n'en est que plus impérieux, ajouta madame Camille; d'ailleurs, la cruauté envers eux est la marque d'une mauvaise nature, les preuves à l'appui ne manquent pas. Tous les hommes que leur cruauté ont rendu célèbres, tous les tyrans qui ont laissé un nom abhorré s'étaient fait remarquer par leurs mauvais traitements envers les animaux. Qui ne sait que le plus détesté des Empereurs romains préluda aux cruautés sans nom de son règne en employant ses loisirs à mutiler des mouches !...

Un bon cœur au contraire ne saurait voir souffrir un être animé, une créature du bon Dieu, et le sentiment religieux développe à un point incroyable cette douce tendresse.

La plupart des grands saints dont s'honore l'Église ont poussé ce sentiment à un degré touchant. Les solitaires apprivoisaient jusqu'aux animaux farouches, et vivaient avec eux dans une confiante familiarité.

Le doux saint Jean n'avait pas dédaigné d'apprivoiser une perdrix, et on dit qu'il s'y était singulièrement attaché.

Le séraphique saint François d'Assise, appelait ses chers petits frères les oiseaux du ciel et la légende rapporte qu'un jour, pendant qu'il priait les mains étendues vers le ciel, hors de la fenêtre de sa cellule, un oiseau — une colombe je crois — vint s'y poser, et non-seulement le saint ne la chassa point ; mais sa prière achevée, il continua de laisser ses bras tendus ; et comme on lui faisait observer que cette attitude devait le fatiguer : — Je ne veux point troubler cette gentille créature, dit-il avec son sourire angélique. Et il ne retira ses mains que lorsque l'oiseau voulut bien prendre sa volée.

De nos jours se conservent, sous plus d'un toit campagnard, ces traditions de sympathique affection, et ce n'est point un des usages les moins touchants de la fête de la Nativité du doux Sauveur, que l'habitude répandue dans les pays du Nord, en Suède et en Finlande notamment, de faire déverser l'allégresse que

tout le monde partage, jusque sur les animaux :
Ainsi le jour de Noël les chiens sont mis en liberté,
et les chevaux et le bétail reçoivent double ration de
fourrage. Sur les toits couverts de neige on sème de
la graine pour les petits oiseaux ; en même temps
qu'on attache quelques gerbes aux arbres, on jonche
aussi le plancher des maisons d'une couche de paille, à
laquelle on attribue des propriétés merveilleuses, on en
répand dans l'enclos, on en couvre les arbres du verger, on en donne aux animaux.

Cet esprit de mansuétude et de douceur est répandu
dans toute la Péninsule scandinave : « Ainsi en Dane-
marck, dit M. Oscar Comettant dans un ouvrage tout
récent, les animaux sauvages ne le sont presque
pas et je n'ai pas été peu surpris de voir les oiseaux
venir se poser à mes pieds, et les cerfs eux-mêmes,
si ombrageux partout, se déranger à peine de quelques
pas pour me laisser passer... C'est que l'homme y est
l'ami compatissant des animaux.

» Dans ce pays exceptionnel il n'y a pour ainsi dire
pas d'exemples qu'un charretier ait surmené ses chevaux et les ait frappés brutalement. Combien en cela
la France diffère du Danemark. Là-bas on chasse par
nécessité, très-rarement par plaisir, et les animaux
qu'on mène à l'abattoir ne subissent jamais d'abomi-
nables et inutiles tortures..... Non-seulement on ne tue
pas en Danemark les petits oiseaux pour le seul
plaisir de les tuer, mais les paysans poussent la compassion jusqu'à leur épargner, pendant l'hiver et
quand la terre est couverte de neige, les horreurs de
la faim. De temps à autre ils attachent aux branches

dénudées des arbres des bouquets de millet pour ces pauvres petits ailés qu'ils ne sauraient voir souffrir sans souffrir eux-mêmes. »

Ah ! chères enfants, pénétrez-vous, imprégnez-vous en quelque sorte de ces principes, de ces habitudes de mansuétude et de douceur, soyez bonnes pour ce qui vit et respire, et la nature sera souriante et belle pour vous, et le bonheur habitera sous votre toit, car vous y ferez descendre les plus ineffables bénédictions du ciel.

ONZIÈME VISITE A LA FERME

<hr>

I. — LE CHEVAL ET L'ANE.

Un jeudi de la fin d'octobre, après plusieurs jours
de pluies torrentielles, le soleil brillait dans un ciel
pur et serein, madame Camille et les enfants prirent
vers midi le chemin de la ferme.

Les chemins argileux, défoncés par la pluie, boule-
versés par les charrettes, étaient difficiles pour les pié-
tons; mais c'est là, chose dont on s'inquiète assez peu
au village. Les pauvres animaux, ceux surtout qui me-
naient de lourdes charges s'en inquiétaient davantage,
et quelques charretiers que rencontrèrent nos petites
amies les firent frémir par les horribles coups de fouet
accompagnés d'effrayants jurons, qu'ils distribuaient
à leur attelage, presque impuissant à dégager des or-
nières les roues enterrées jusqu'au moyeu.

Madame Camille leur fit d'amicales observations, et
comme elle était généralement aimée et estimée,
comme elle rendait d'éminents services en formant,
avec un rare dévouement, à la vertu et au travail, les
enfants de la paroisse, ses réprimandes furent écoutées
avec politesse; seulement, à peine s'était-elle éloignée

de quelques pas, que coups de fouets et imprécations recommençaient de plus belle.

Nos fillettes s'en indignaient, et elles s'étonnaient que des hommes qu'elles connaissaient pour d'honnêtes gens, et point méchants, pussent agir de la sorte.

MADAME CAMILLE. Tel est, mes enfants, l'empire des mauvaises habitudes; elles nous entraînent à notre insu et malgré nous. C'est pour cela que je combats vos défauts de toutes mes forces et que je ne cesse de vous répéter que si vous ne vous en corrigez maintenant, plus tard vous ne le pourrez plus.

MADELEINE. Ni vous madame, ni madame Duval, ne nous avez parlé des chevaux, ce sont cependant des animaux bien utiles?

MADAME CAMILLE. Et bien intelligents, et bien affectionnés à leurs maîtres; mais comme nous avons eu surtout en vue, dans nos entretiens, de vous former aux devoirs de la ménagère de campagne, nous n'avons pas cru utile de nous occuper du bœuf et du cheval, qui sont spécialement soignés par les hommes et ne s'emploient guère que par eux. Mais il est un autre animal, plus humble et plus modeste, dont le nom ferait une lacune dans ces lignes s'il n'y trouvait place.

Je veux parler de l'âne.

Ce pauvre animal, dédaigné en Europe, accablé d'ordinaire de mauvais traitements, et toujours traité brutalement, mérite mieux certainement. Il est sobre, dur à la fatigue, persévérant, et quoi qu'on en dise, intelligent et actif.

Dans nos pays mêmes, où l'espèce a singulièrement

dégénéré, par suite du manque de soins et de l'excès du travail, il possède encore d'incontestables qualités et rend de très-grands services.

C'est le serviteur des pauvres ménages ruraux, pourquoi n'est-ce point leur ami, comme le cheval est celui de son maître? Serait-il incapable lui-même d'attachement et de fidélité? — Les personnes qui ont étudié son caractère affirment le contraire.

Serait-ce parce qu'il est laid et rustique? Mais ces défauts tiennent uniquement au manque de soins et surtout de propreté. La pauvre bête a le poil rude et hérissé; mais quand l'étrille et la brosse y passent-elles? Il porte la tête basse; mais ne l'abrutit-on pas en lui demandant au-delà de ses forces et en ne l'encourageant jamais. Qui, en effet, s'avise de faire entendre une bonne parole à un pauvre âne, de lui donner une de ces caresses qu'on prodigue par exemple au chien et au cheval de luxe.

Sans cesse opprimé, il vit d'humiliations. Faut-il s'étonner qu'il rende parfois boutade pour boutade?...

En Orient où il en est tout autrement, où l'âne est tenu en estime, en honneur même; où il est bien traité et affectueusement soigné, sa nature est toute différente. Les voyageurs ont peine à reconnaître, et comme taille, et comme port, et comme pelage, notre pauvre Aliboron dans l'intelligent animal qui s'offre à eux sous un brillant harnais, plein de vigueur, de grâce même.

Tant il est vrai, mes enfants, comme nous vous l'avons si souvent répété, que l'éducation, la douceur et la bonté opèrent des prodiges.

L'âne a toujours été en honneur en Orient. Plusieurs récits de l'Écriture sainte en font foi, et l'entrée de Notre-Seigneur à Jérusalem, peu de jours avant sa passion, en offre une preuve évidente.

En effet, lorsque le divin Sauveur s'apprête au seul moment où il doive être acclamé fils de David, au seul moment de triomphe qu'il veuille accepter dans le cours de sa vie mortelle, est-il permis de penser qu'il eût choisi pour ce triomphe, une monture qui eût prêté à l'ironie et aux moqueries de ses ennemis? Évidemment non. Le Maître du ciel et de la terre repoussant les pompes humaines et fidèle à cette simplicité, à cette pauvreté qu'il était venu prêcher au monde, ne voulait ni de la pourpre, ni des chars splendides des triomphateurs de la terre. Mais il était de sa dignité, de celle de David, dont on saluait en lui le fils, qu'à cette simplicité ne se mêlât rien que de digne et de noble.

Marie. — Pourquoi donc alors l'âne est-il si dédaigné en France?

Madame Camille. — Un homme d'esprit et d'expérience à qui je faisais un jour la même question, m'a fait une réponse assez singulière quoique vraie et juste, je le crains. La voici. — L'âne est dédaigné, m'a-t-il dit, en raison même de son utilité et de ses qualités. Ses services sont précieux mais sans éclat, on les exige sans lui en tenir compte; il est sobre, on lui mesure le nécessaire; il n'est point délicat, on le coucherait volontiers à la belle étoile si on ne craignait les voleurs; il est robuste, on se dispense de toute espèce de soins... Et, ajoutait mon ami, n'en est-il pas un peu de même pour toutes choses ici-bas. Ne prise-t-on point les inutilités qui ont de l'éclat et ne méconnait-on point le mérite humble et peu exigeant.

Que ce reproche, mes enfants, qui n'est que trop juste pour beaucoup de gens, ne puisse jamais vous atteindre.

Ne prisez, n'estimez dans ce monde que les qualités réelles, et ne vous laissez pas prendre aux apparences qui brillent et éblouissent.

Mais en parlant de l'âne, je songe que j'ai dans ma poche le dernier bulletin de la Société protectrice où se trouve justement un petit trait à l'appui de ce que je vous disais tout à l'heure de l'intelligence de ce précieux animal, je vais vous le lire tout en marchant :

« On remarquait depuis longtemps que, sur le pont de la Guillotière, à l'endroit où la déclivité commence, vers la rue de la Barre, un âne attelé à une voiture chargée de marchandise s'obstinait à ne pas avancer, malgré les gros mots et le fouet de son conducteur. Cette scène de désobéissance formelle, non prévue par la loi Gramont, excitait la curiosité des passants, qui se groupaient autour de l'attelage pour plaindre le pauvre conducteur.

» Cependant l'autre jour, dit le *Salut public*, journal de Lyon, un gamin, qui s'était mêlé au groupe, prit d'office la défense d'Aliboron. — Oh ! oh ! s'écria-t-il, en voyant le conducteur frapper l'animal sur la tête, à grands coups de manche de fouet, le plus bête, ce n'est pas l'âne !... Les spectateurs se mirent à rire.

— Vous voyez bien, messieurs et dames, ajouta le

jeune garçon de sa voix la plus éloquente, vous voyez bien que l'âne se sent trop chargé, et qu'il craint de dégringoler à la descente du pont, avec sa charge ; ce qui compromettrait les intérêts de son maître !...

» Jusque-là, la foule avait regardé, avait ri, mais n'avait pas observé, comme l'enfant. L'âne, en effet, était surchargé et avait peur de tomber. Dès ce moment, les spectateurs furent pour le baudet, et crièrent haro sur l'ânier. On voulut arracher le fouet de ses mains, on le menaça même de le jeter au Rhône, s'il continuait à martyriser l'innocent. Mais il appartenait au jeune garçon qui avait soufflé l'orage de l'apaiser. Il s'avança vers l'âne, le caressa en lui disant quelques bonnes paroles de consolation, d'encouragement. Il prit ensuite la bride, tira, et l'âne, satisfait sans doute de ce que justice lui eût été rendue, continua tranquillement, mais avec précaution, son chemin. Qu'on dise encore que les ânes sont bêtes ! »

Comme madame Camille achevait cette lecture, un troupeau de chèvres, dont on entendait depuis quelque temps les joyeux grelots, déboucha sur le chemin que suivaient nos petites amies et vint en bondissant à leur rencontre.

Les chèvres, folâtres et familières, n'avaient rien de bien effrayant pour nos jeunes villageoises, mais le bouc qui marchait gravement à leur tête, prit en se rapprochant une attitude menaçante qui fit reculer les plus braves.

Le berger leur cria de loin de n'avoir pas peur, et faisant un signe à son chien, il l'envoya tenir en respect l'animal effarouché.

Pendant ce temps, les enfants se rangèrent le long de la route et le troupeau put passer en liberté.

Ce petit incident amena la conversation sur la chèvre.

MADAME CAMILLE. — On a dit avec raison que la chèvre est la vache du pauvre. Sobre et facile à élever, pourvu qu'on lui ménage pour l'hiver un logis bien abrité et suffisamment chaud, elle se montre satisfaite.

MADELEINE. — Elle est donc frileuse.

MADAME CAMILLE. — Oui, et sous ce rapport c'est de tous nos animaux domestiques le plus exigeant.

La chèvre est capricieuse et vagabonde, elle aime les pays de montagnes et se plaît à gravir les rochers les plus abruptes. Le soleil ne l'effraye pas et elle affronte bravement ses rayons les plus brûlants. Rétive et opiniâtre en apparence, elle se plie en réalité très-aisément aux habitudes qu'on lui donne. J'en ai vu qu'on ne pouvait conduire au licou, à ce point qu'on les eût étranglées avec leur collier plutôt que de les décider à marcher de force. Une fois détachées et libres, elles suivaient leurs maîtres comme de véritables chiens. Bien plus, laissées ensuite seules dans les champs, elles rentraient à l'heure de la traite, avec une régularité à défier la meilleure horloge.

Très-familière, caressante même avec ses maîtres, la chèvre ressemble un peu aux enfants gâtés, non-seulement par ses caprices, mais surtout en ce qu'elle exige qu'on s'occupe d'elle sans relâche.

Je me souviens d'en avoir eu une lorsque j'étais jeune fille, je l'aimais beaucoup et elle m'appartenait exclusivement, c'est-à-dire que personne autre que moi ne s'en occupait. Elle était bien soignée, je vous assure, et vous ne devez point en douter; car vous savez quel ordre a ma mère, et comme elle tient à ce que les animaux ne souffrent point. J'étais prévenue qu'au moindre caprice de ma part, à la première négligence, *Belloté* me serait enlevée. Elle vivait tout-à-fait en dehors du troupeau, seule dans une petite cabane qui s'élevait alors dans le jardin à une cinquantaine de pas de ma fenêtre. Eh bien, quand je travaillais dans ma chambre, elle le savait, et passant sa jolie tête par le châssis de sa cabane, elle bêlait plaintivement jusqu'à ce que je lui eusse répondu; alors, changement de ton : elle m'envoyait les plus joyeux Bé-é-é-é que vous puissiez imaginer. Si j'avais le malheur de ne pas lui faire entendre aussitôt quelques paroles d'amitié, elle se reprenait à bêler tristement, puis avec colère, puis en quelque sorte avec des sanglots.

Quelquefois il m'arrivait de l'attacher dans le pré ; tant que j'étais loin, elle s'y tenait tranquille; mais me sentait-elle approcher, elle s'agitait et arrachait même le piquet si je n'arrivais pas assez vite près d'elle.

En un mot, sauf l'attachement de certains chiens, je n'ai jamais connu d'animal plus affectionné et plus reconnaissant à son maître que ma chère Belloté.

Marie. Vit-elle encore?

Madame Camille. A la rigueur elle pourrait vivre, car il n'y a guère qu'une douzaine d'années de cela, et elle n'avait que trois ans; mais je n'ose l'espérer.

Louise. Vous l'avez donc vendue ?

Madame Camille. Vendre ma pauvre chère Belloté! elle m'aimait tant, que je m'en serais, je crois, fait un reproche toute ma vie. Non, certes; on me l'a volée, et cela a été un de mes plus grands chagrins de jeune fille : on me l'a volée, dis-je, un jour que je l'avais attachée sur la limite de la ferme, près du chemin du village, pendant que j'allais faire une petite commission pour ma mère; à mon retour, ma pauvre Belloté avait disparu, et le bout de la longe encore attachée à l'arbre, et évidemment coupée avec une lame effilée, ne nous permit point de douter qu'elle eût été enlevée par quelque passant qui l'avait emmenée loin du pays, car les plus minutieuses recherches ne purent nous faire retrouver ses traces. Aussi précieuse par son rapport que par ses qualités, elle donnait au moins trois litres de lait par jour, ce qui est énorme pour une chèvre.

Madeleine. La chèvre est d'un bon produit, puisque que, coûtant peu à nourrir, elle donne tant de lait.

Madame Camille. Sans compter un et souvent deux chevreaux par an. De plus le poil des belles espèces s'utilise pour le tissage, et la peau en est fort estimée, enfin la chair se mange dans les campagnes; dans certains pays on la sale et on la conserve comme provision.

Madeleine. J'ai lu dans les *Entretiens d'un instituteur* que la Société d'acclimatation s'occupe de propager en France et en Algérie, une autre espèce, la chèvre d'Angora, qui est assez mauvaise laitière, mais dont la toison brillante et soyeuse sert à confectionner des velours magnifiques et de brillantes étoffes pour robes de dames. Vous savez peut-être que c'est avec le poil d'une autre espèce de chèvre que les Indiens fabriquent les beaux châles appelés cachemires. La chèvre d'Angora présente encore d'autres avantages. Elle est moins coureuse que notre chèvre ordinaire ; elle paît tranquillement comme les brebis, ne détruit pas les jeunes pousses des arbres, et a la chair aussi bonne que celle du mouton.

II. — LES VEILLÉES, TRAVAUX D'AIGUILLE.

En causant ainsi, on était arrivé à la ferme, ou un feu pétillant brûlait dans l'âtre, tout prêt à sécher les pauvres pieds humides et le bas des robes tout maculé de boue.

Rien n'est plus investigateur et plus rapide qu'un regard d'enfant. Nos fillettes n'eurent besoin que d'un coup d'œil pour s'apercevoir d'une véritable transformation dans l'aménagement de la vaste cuisine.

Dans un des coins du foyer, une machine à tisser avait déjà reçu la chaîne d'une pièce de drap, et les navettes toutes chargées semblaient attendre impatiemment la main qui devait les mettre en mouvement. Dans l'embrâsure d'une fenêtre, des quenouilles, des rouets, une corbeille pleine de linge et de tricots accusaient la venue prochaine d'actives travailleuses ; enfin plusieurs lampes de cuivre avaient pris place sur la cheminée, toutes reluisantes et toutes prêtes à être allumées.

Les enfants s'interrogeaient de l'œil...

Madame Duval. Regardez, fillettes, regardez bien ; voilà qui vous prouve qu'on n'est point paresseux à la ferme, et qui vous prêche mieux qu'un sermon l'amour du travail.

Le travail, je vous l'ai dit bien des fois, qui est une nécessité dans la plupart des conditions, est un devoir et une sauvegarde dans toutes. Pauvres, aimez le travail qui vous fait vivre ; de position moyenne, aimez le travail qui augmente votre bien-être et celui des vôtres ; riches, aimez le travail qui vous défend contre l'oisiveté, car, vous le savez : *l'oisiveté est la mère de tous les vices.*

Ce proverbe est rigoureusement vrai.

Appliquez-vous donc au travail, mes enfants, pendant que vos doigts sont agiles et votre intelligence apte à comprendre. Souvenez-vous que si la femme paresseuse est à plaindre, la femme malhabile et peu adroite l'est aussi, car il ne suffit pas de s'occuper, il faut savoir bien s'occuper.

Dans les villes, les jeunes filles de bonne maison, ce que nous appelons, nous, les belles demoiselles, qui peuvent se faire servir et pourraient, par conséquent, se dispenser jusqu'à un certain point de se suffire à elles-mêmes, savent toutes, j'entends celles qui sont bien élevées, coudre et raccommoder ; beaucoup sont capables de tailler leurs robes, voire le linge de la maison, talent dont elles ont infiniment moins besoin que les femmes de la campagne. D'où vient donc que celles-ci sont d'ordinaire si ignorantes sous ce rapport ?

A cette question que j'ai posée à bien des mères de famille, j'ai entendu répondre, tantôt que les travaux du ménage absorbaient trop les villageoises pour leur permettre de s'adonner à des occupations paisibles, tantôt que les travaux des champs rendaient leurs doigts inhabiles à manier l'aiguille; tantôt, enfin, que le développement de leur intelligence n'était pas suffisant pour qu'elles devinssent aptes à comprendre sans un long apprentissage, même les plus simples éléments d'un art manuel. Eh bien! tout cela est faux...

Il y a des saisons dans l'année, il y a des moments dans la journée, où la ménagère la plus soigneuse de son intérieur trouve le moment de prendre l'aiguille et de raccommoder le linge de la famille. Eh! mon Dieu, aux femmes qui me contesteraient ceci, je demanderai : Du temps! n'en trouvez-vous pas pour commérer, pour parler à tort et à travers de ce qui ne vous regarde point?

Quant à admettre que les travaux des champs gâtent la main, c'est ne pas connaître l'historique de certaines industries : Par exemple, qui exécute ces merveilleuses broderies de Nancy, si recherchées dans le commerce. La plupart, les plus belles souvent, sont faites par de pauvres petites bergères, qui les emportent aux champs où elles vont garder leurs troupeaux!... Qui exécute ces fines dentelles des Flandres et du Puy ; encore d'humbles filles de village qui consacrent à leur métier le temps qu'elles dérobent aux durs labeurs de la campagne !

Quant à prétendre qu'on a besoin d'un apprentissage pour tenir l'aiguille, et même pour tailler sur un patron une brassière d'enfant ou un caraco de femme ; allons-donc, c'est rabaisser par trop bas l'intelligence ou plutôt la bonne volonté de nos filles !

Car cette intelligence, vous l'avez toutes, mes enfants, si vous en avez la volonté.

MARIE. Il y a cependant des femmes qui laissent tomber en haillons les hardes de leurs enfants et le linge de la famille, faute de pouvoir le raccommoder.

MADAME CAMILLE. Dites, faute de vouloir, car je n'admets pas qu'une femme qui n'est ni estropiée de ses mains, ni aveugle ne parvienne à coudre. Mais ce que j'admets encore moins, c'est qu'une mère de famille souffre que sa fille ne sache point manier aisément l'aiguille ; ce que je n'admets point, c'est qu'une femme raisonnable se condamne elle-même volontairement à vivre sans cesse sous une dépendance étrangère, qu'elle consente à attendre le bon vouloir et le caprice d'une couturière ; — sans compter que c'est-là un rude impôt à payer ! — pour renouveler le béguin troué de son marmot, ou remplacer par un neuf son tablier déchiré.

Cependant on apprend à coudre à l'école ; mais que de parents ne font rien pour stimuler le zèle de leurs enfants à cet égard, combien encore qui plaignent quelques sous de fil et d'aiguilles, quelques lambeaux d'étoffe, et qui aiment mieux que l'enfant ne travaille pas, plutôt que de lui laisser, dans de premiers essais, gâter quelques chiffons.

Ah ! chères enfants, quand vous aurez un jour quelque influence, ne vous épargnez point à combattre cet abus et à répandre l'amour et le goût des travaux de couture.

Ici je ne permets pas la moindre négligence à cet égard, et si je m'efforce de rendre le plus gaies possible mes veillées d'hiver, en revanche j'exige qu'elles soient tout aussi bien remplies. Il y a de la besogne pour tous les âges et pour tous les talents, et j'entends que personne n'y boude.

Il faut dire que je prêche d'exemple. Telles que vous me voyez, il n'est pas un ouvrage de femme que je ne sache quelque peu. Je couds, je repasse, je reprise, je file, je tricote, et dame ! je n'y vais point de main morte.

Ah ! vous riez, fillettes ? Eh ! bien, viennent les belles gelées, et par un soir de clair de lune madame Camille demandera à vos mères de vous laisser venir passer ici vos veillées. Vous verrez ce que nous abattrons de besogne en quelques heures...... Mais ne craignez point, après le travail, le plaisir et les pommes, le cidre, voire les crêpes, ne seront point épargnés.

Cette promesse mit fin à tout discours sérieux, car les enfants en étaient si joyeuses, qu'il leur fût impossible de parler d'autre chose, non-seulement jusqu'à la fin de la visite, mais jusqu'à leur retour chez elles, où chacune avait hâte d'apporter cette grande nouvelle.

Une inquiétude cependant vint se mêler à leur joie.

— N'auraient-elles pas peur, pour rentrer au village, seules, la nuit, dans des chemins déserts.

Madame Camille. A la rigueur, ma mère pourrait

nous faire accompagner par un des valets de ferme, mais ce dérangement est inutile ; il suffira qu'elle nous donne Médor. Il m'est très-attaché et ne demandera pas mieux que de nous suivre. Or, avec lui je ne craindrai ni homme ni bête.

MARIE. Il est en effet si fort.

LOUISE. Et si courageux !

MADAME CAMILLE. Et si intelligent, si fidèle, si dévoué surtout.

MADELEINE. Comme il aboyait après nous dans nos premières visites à la ferme, tandis que maintenant il nous caresse et nous fait fête.

MADAME CAMILLE. Et cela bien moins encore parce que vous avez été douces et bonnes pour lui, que parce qu'il a compris que vous êtes les bienvenues auprès des maîtres.

LOUISE. C'est une si excellente bête que le chien ! Aussi quand je vois de méchants enfants en taquiner quelqu'un, le poursuivre, le maltraiter, je suis furieuse après eux.

MADELEINE. Quant à moi, quand je suis la plus forte, je les en empêche bien.

MADAME CAMILLE. Et vous avez raison. C'est un devoir impérieux pour l'homme, pour l'enfant même, de prendre la défense des animaux maltraités, et certes le chien mérite plus que tout autre, lui qui est pour nous un ami si dévoué, que nous ne l'abandonnions pas aux brutalités des méchants cœurs.

Vous savez toutes, mes enfants, les services nombreux que le chien rend à l'homme ; vous savez qu'il garde sa maison, ses troupeaux, qu'il veille sur lui et le défend au prix de son sang, qu'il guide les pas de l'aveugle et partage les jeux de l'enfant, dont il subit, sans chercher à s'y soustraire, les tyranniques caprices. Vous savez qu'il aide son maître à pourvoir à sa nourriture, en chassant pour lui.

Je n'insisterai point sur tous ces détails qui vous sont familiers ; je me bornerai à vous raconter le trait suivant, qui, je l'espère, augmentera encore l'affection que vous portez à ces serviteurs, à ces amis de l'homme, en vous prouvant une fois de plus combien ils la méritent.

Le fait vient de se passer à Londres et ne le cède en rien à tout ce qu'on a rapporté sur le merveilleux instinct de la race canine.

Un Français entre dans un des bals-concerts comme on en trouve aujourd'hui dans toutes les grandes villes de l'Europe. Au bout de quelque temps, il veut regarder l'heure, et s'aperçoit que sa montre a disparu, sans doute pour passer dans la poche de quelque habile *pick-pocket*. Il s'adresse à un agent, qui lui promet le concours le plus actif de la police ; mais notre homme, éclairé par une idée subite, déclare que, si on veut le laisser faire, en moins de quelques minutes il aura trouvé son voleur. On s'engage à le laisser agir. Il sort à l'instant, court à son hôtel, et revient bientôt avec un magnifique caniche. On refuse d'abord l'entrée au chien ; mais, après une courte explication, on permet au maître et à son compagnon de circuler dans la salle, à la grande stupéfaction des habitués. La stupéfaction ne tarda pas à se changer en admiration.

Le caniche s'attache en grognant aux pas d'un élégant ; le Français déclare alors de la façon la plus formelle que l'homme menacé par son chien doit être son voleur. Les agents de police hésitent cependant à l'arrêter ; mais notre compatriote ayant pris l'engagement de payer tous les frais et de faire toutes les réparations exigées, on se décide à mener au poste de police l'homme soupçonné par le chien. On le fouille et l'on retrouve sur lui, non-seulement la montre volée, mais encore une quantité d'objets dérobés dans l'établissement. Le soir même, car le caractère national perce toujours, on offrait jusqu'à cinquante livres (1,250 fr.) du caniche à son propriétaire ; mais celui-ci n'eut garde de payer d'une telle ingratitude son fidèle serviteur. Il coupa court à toutes les offres en déclarant qu'il ne le céderait à aucun prix.

Ce fait s'explique facilement par la finesse de l'odorat du chien, qui avait suivi jusque dans la poche du voleur les émanations de son maître.

MADELEINE. Ma mère serait désolée de nous voir tourmenter les chiens ; mais elle nous défend aussi de caresser ceux que nous ne connaissons point.

MADAME CAMILLE. Et elle a grandement raison, car en dehors même, des cas très-graves mais heureusement assez rares de la rage, il est des chiens — ceux de garde et de berger surtout — qui ne connaissent que leur maître et font mauvais parti à toute autre personne qui tente de les apprivoiser.

Un motif plus sérieux encore, doit nous rendre très-prudent avec les chiens qui nous sont inconnus et même avec ceux qui nous appartiennent. Je veux parler de la rage.

MADELEINE. N'y a-t-il que les chiens qui soient sujets à la rage.

MADAME CAMILLE. Tous les animaux peuvent devenir enragés, mais les chiens plus particulièrement; aussi est-il bon de les surveiller et au moindre symptôme de maladie, de prendre toutes les précautions exigées par la prudence.

Comme madame Camille achevait ces mots, on arrivait au village. Nos fillettes la quittèrent mais non sans lui faire promettre de reprendre ce sujet.

— Nous en causerons à notre première veillée, dit-elle en souriant.

FIN.

TABLE DES MATIÈRES.

PREMIÈRE VISITE A LA FERME.

I. — Les sentiers fleuris. 10
II. — Les oiseaux. 17
III. — Intérieur de la ferme. — Ordre et propreté. 25

DEUXIÈME VISITE A LA FERME.

I. — La bonne ménagère. 33
II. — La cuisine de la ferme 39
III. — Premiers secours en cas de maladie. 42
IV. — Empoisonnements par accident 44

TROISIÈME VISITE A LA FERME.

I. — Sages conseils. 54
II. — Le fournil 57

QUATRIÈME VISITE A LA FERME.

I. — Activité et exactitude. 64
II. — La cave et le fruitier. 68
III. — Le garde-manger. . . . . , . . 74

CINQUIÈME VISITE A LA FERME.

I. — Notions élémentaires de chimie. 80
II. — La lessive. 85
III. — La lingerie. 89

SIXIÈME VISITE A LA FERME.

I. — La basse-cour. 93
II. — Les oiseaux domestiques, la poule 95
III. — Canards, oies, etc. 102

SEPTIÈME VISITE A LA FERME.

I. — La laiterie. 105
II. — Les vaches 112
III. — Porcs, lapins, poissons. 119

HUITIÈME VISITE A LA FERME.

I. — Le potager. 124
II. — Le parterre. 135

NEUVIÈME VISITE A LA FERME.

I. — Le rucher. 138
II. — Les vers à soie de l'ailante. 144

DIXIÈME VISITE A LA FERME.

I. — L'esprit de routine. 147
II. — Instinct de quelques animaux. 150

ONZIÈME VISITE A LA FERME.

I. — Le cheval, l'âne, la chèvre. 157
II. — Les veillées. — Travaux d'aiguilles. 166

DOUZIÈME VISITE A LA FERME.

I. — Les animaux domestiques. — Le chien, ... 171

Imprimerie L. Toinon et Cᵉ, à Saint-Germain.